泡桐研究与全树利用

Paulownia Research and Whole Tree Utilization

主编　常德龙　副主编　胡伟华　张云岭

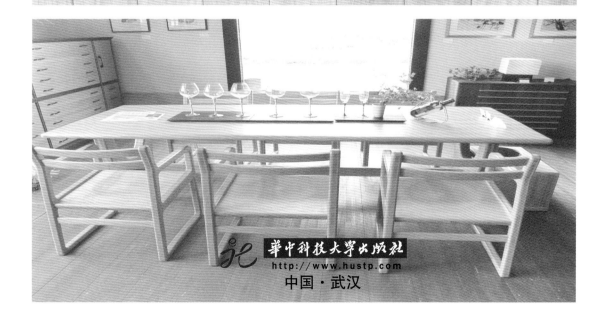

华中科技大学出版社
http://www.hustp.com
中国·武汉

主编简介：

常德龙，内蒙古赤峰人，1963年2月生，博士，研究员，国家林业局泡桐研究开发中心综合利用首席专家，全国林业生物质材料标准化委员会委员，河南省林业专家咨询组成员。1996年曾受联合国开发计划署（UNDP）资助，赴美国国家林产品实验室（FPL）就泡桐木材变色防治进行合作研究，曾主持国家自然基金、国家公益性林业行业专项等多项国家级课题，长期从事以泡桐作为主要目标的木材变色防治、脱色、木材蓝变控制、木材染色、木材防腐防霉、装饰材料及家具制造等领域研究，在国家核心期刊发表论文30多篇，取得国家发明专利8项，省部级成果及奖励3项，合作出版专著2部。联系方式：0371-65833632，chdelong@126.com，QQ：251672716。

副主编简介：

胡伟华，河南开封人，女，汉族，大学本科，副研究员，1964年12月生，1987年毕业于兰州大学化学系有机化学专业，毕业至今在国家林业局泡桐研究开发中心从事植物有效成分提取及泡桐全树综合利用研究工作。主持河南省科技攻关项目"石榴皮黄色素提取及其理化性质研究"、省自然科学基金"杂种马褂木抽提物抗虫性研究"、省重点科技攻关"杂种马褂木抗虫性应用研究"、省重点科技攻关项目"野蔷薇引诱云斑天牛活性物质研究""桑葚色素提取工艺研究""植物源蔬菜害虫调控剂研究"、郑州市重点科技攻关项目"杨树天牛植物源杀虫剂的研究"等9项科研课题，以第一作者发表论文17篇，获取发明专利多项。

张云岭，河南郑州人，男，汉族，大学本科，副研究员，1964年11月生，1987年毕业于南京林业大学木材机械加工专业，毕业至今在国家林业局泡桐研究开发中心从事木材综合利用研究工作。作为主要人员参加了国家行业专项"948"等多项课题研究，主持或参加河南省攻关课题研究10余项，发表论文数篇，主要论文有："不同种源泡桐木材全干密度差异分析""低分子量三聚氰胺—甲醛树脂固定泡桐压缩木回弹的研究""中密度纤维板连续辊压工艺"等；获得国家发明专利多项。

编 委 会

主　　编：常德龙

副 主 编：胡伟华　　张云岭

编写人员：常德龙　　胡伟华　　张云岭　　黄文豪

　　　　　芦春霞　　谢　青　　马志刚　　李福海

　　　　　李煜延

内容简介

　　本书介绍了泡桐树种基本信息，泡桐材性功能优良，泡桐加工利用等三大方面内容。重点论述了泡桐的地理分布与资源量、泡桐主要品种、泡桐木材基本材性特点（物理特性及化学特性）、桐材变色防控方法、桐材色斑脱出配方、桐材表面染色与涂饰工艺、桐材表面强化技术、木基金属镀膜复合材料工艺与方法、泡桐花果叶皮有效成分提取与利用、桐材的潜力产品研究与开发及重要产品的经济效益分析等。

序言一

　　为缓解木材供需矛盾，保障木材供应，减少对进口国外木材资源的依赖，加快发展速生工业用材林，是解决我国木材供给突出问题的必由之路。泡桐是我国重要的速生工业用材林多用途树种，适生范围广，北京以南广大地区都可以栽种，而且根深不与农作物争水肥，耐旱耐贫瘠，抗盐碱能力强，防风固沙，利于改良土壤，促进粮食稳产高产。泡桐不但是优良的绿化树种，而且也是突出的经济性树种，木材是家具、房屋装修、传统乐器、包装工艺品的重要用材，其皮可入药，花可提炼精油，叶子可作为饲料，全树是宝，深加工利用可带来很好的经济价值，是实施绿色环保产业，改善与发展经济的有效途径。

　　本书从泡桐加工业需求的视角，首先对泡桐的地理分布及资源量、泡桐品种、泡桐木材材性（物理解剖、声学特性、化学性质等）进行了介绍；其次从泡桐材性功能改良的角度，对泡桐木材变色防控、色斑脱出、泡桐木材染色、表面涂饰、木材表面强化、桐木木基金属复合材料等实验方法、手段、所取得的结果进行了详尽的论述；接着是讲解泡桐深加工利用，介绍泡桐花果叶皮利用、泡桐木材主要用途、泡桐木材未来极具潜力发展产品（包括装饰材、高档家具、实木门等产品），同时对研发制造高档桐木家具及墙壁板产品做了经济效益分析。由于泡桐木材具有强重比高、难渗透、特轻、尺寸稳定性好等特点，所以，泡桐木材不但适合制造家具、建筑装饰材，也适于做航空、船舶内饰、风机扇叶内衬、水上器材等特种用途木材。

　　本书内容是国家林业局泡桐研究开发中心综合利用团队及国内同行学者多年潜心研究的科研成果的集中展示，将为泡桐木材高端制造、提质增效，及全面开展泡桐树皮、花、果、叶等综合利用，加工高附加值产品提供科学依据和技术的支撑。

　　本书的出版，加强国民对泡桐的认识，发掘其重大潜在价值，促进泡桐木材、泡桐花果叶皮等全树的研究、加工利用、产业发展、乃至国土绿色环保产业的提质升级，均具有重要的影响力。本书适于林业科技工作者、泡桐产业、木质装饰材料、家具制造、传统民族乐器、木质工艺品、航空航模、包装用材等的研发人员、战略投资人、泡桐爱好者等的阅读和参考。

（中国工程院院士、东北林业大学前校长、中国木材保护工业协会木质功能材料与制品分会理事长）

序言二

　　泡桐是我国重要的速生工业用材林多用途树种，适生范围广，长江、黄河流域广泛种植。其不仅是优良的绿化树种，而且也是突出的经济性树种，全树是宝，树木主干部分可作为工业用木材，制造家具、房屋、装饰材料、乐器、工艺品等，泡桐树皮可入药，鲜花可提炼精油，叶子可作为家畜家禽及宠物饲料，深加工利用可带来很好的经济价值，高效综合利用森林资源，是实施绿色产业，发展泡桐产区经济的重要途径。

　　全书对泡桐的地理分布及资源量、泡桐品种、泡桐木材材性（物理解剖、声学特性、化学性质等）进行了介绍；并对泡桐材性功能改良、泡桐木材变色防控、色斑脱出、泡桐木材染色、表面涂饰、木材表面强化、桐木木基金属复合材料等实验方法、深加工利用及所取得的结果进行了详尽的论述。重点突出了泡桐木材主要用途及具有潜力的可开发产品（包括装饰材、高档家具、实木门等），同时对研发制造高档桐木家具及墙壁板做了经济效益分析。利用泡桐木材具有强重比高、难渗透、特轻、尺寸稳定性好等特点，可制造家具、建筑装饰材，也可用于航空、船舶内饰、风机扇叶内衬、水上器材等的制作。本书增加了对泡桐全树利用的介绍，尤其对泡桐花、果、叶、皮的生物活性物质提取、纯化及检测方法进行了阐述，并给出了主要活性物质在医学上的潜在应用。

　　该书展示了国家林业局泡桐研究开发中心综合利用团队及国内同行学者多年潜心研究的科研成果，将为泡桐木材高端制造、提质增效，为更好地开发泡桐树花、果、叶、皮等的利用提供理论基础和技术支撑。

　　该书的出版，将加强国民对泡桐的认识，对发掘其潜在价值，促进泡桐木材及泡桐花果叶皮的深入研究及加工利用、产业发展、乃至国土绿色环保产业的提质升级，均具有重要的影响力。该书适于从事林业、医药研发、泡桐加工利用、木质装饰材料、家具制造、传统民族乐器、木质工艺品、航空航模等研发人员及科技工作者、战略投资人等的阅读和参考。

（中国工程院院士、中国林学会林产化学化工学会理事长）

前　言

泡桐（*Paulownia*）原产我国，从古至今泡桐深受人们喜爱。早在2600多年前我国就有对泡桐栽培及加工利用的记载，用桐木做琴筝、棺木等用品，表现出了我国古代人民对树木研究利用的智慧。近代以来，特别是中华人民共和国成立后，泡桐更是受到产区人民的重视，在黄河、淮河、海河流域大力栽种泡桐，防风固沙，改良土壤。20世纪60年代初河南省兰考县委书记焦裕禄同志带领兰考人民广植泡桐，营造农田林网，防止黄河故道风沙流动，改良盐碱地，改善环境，就是政府对泡桐重视的典型案例。

泡桐是平原地区重要的四旁（村旁、宅旁、路旁、水旁）及农林间作树种。泡桐是我国国土绿化、农田林网、美化乡村构建等的重要优良树种，其有两大功能，一是保护农田、减少风沙、干热风灾害，二是为人们的生产、生活提供木材来源，减少对天然林的采伐。

我国政府对泡桐特别重视，1984年林业部宣布成立林业部（现国家林业局）郑州泡桐研究中心（现国家林业局泡桐研究开发中心），这是世界上第一个也是唯一一个由政府资助研究泡桐的权威研发机构，在泡桐遗传育种、病虫害防治、营林、农桐间作、综合利用等领域进行了全方位的研究。20世纪90年代中期，联合国开发计划署（UNDP）也曾就提高泡桐发展能力进行过资助，促进泡桐在世界范围内栽培利用。本书重点介绍泡桐物理化学特性、桐材材性改良、加工工艺、具备发展潜力产品等研究成果及资料，旨在引导我国泡桐产业快速健康可持续发展。

国外泡桐均从我国引进，目前，日本、韩国、美国、澳大利亚、欧洲及南美洲等国家都广植泡桐，深受这些国家人民的喜爱，他们称泡桐为魔力树，神奇的树。我们的邻邦日本，他们认为泡桐是吉祥树，并称"没有梧桐（指泡桐）树，引不来金凤凰"，日本年轻人结婚，父母都要给孩子做一套桐木家具，作为开始幸福生活的必备用品。日本的桐木家具属于高档奢侈品，其价格远高于他们国产的小汽车，日本所用泡桐木材主要从我国进口。近年来，美国、澳大利亚、意大利、法国、英国、德国等国家逐步认可泡桐，打开了本国市场，每年从我国进口大量泡桐板材，用于制造桐木家具、房屋装饰材料、体育器材等。

泡桐是我国有着悠久栽培历史的树种，但过去对泡桐利用更多来自感性认知，真正全面对泡桐的物理及化学特性分析、功能改良、深加工利用研究是改革开放后最近二三十年进行的，为尽快把我们研究团队以及国内外同行专家研究的成果转化为生产力，为加工利用产业的提质增效服务，为更深入研究泡桐提供理论依据，特编写本书。

全书共十二章，第六、七、十章由常德龙编写，第一、二章由常德龙、芦春霞编写，第三章由常德龙、谢青编写，第四章由常德龙、李煜延编写，第五章胡伟华、黄文豪、常德龙编写，第八章由常德龙、马志刚编写，第九章由胡伟华编写，第十一章由常德龙、张云岭编写，第十二章常德龙、李福海编写。

全书由常德龙负责统稿。

由于时间仓促和编者水平有限，不足与错误之处在所难免，恳请读者批评指正。

编者

2016年6月

目　录

上篇　泡桐基本信息篇

第一章　地理分布及资源量 ⋯⋯⋯⋯⋯⋯⋯⋯⋯⋯⋯⋯⋯⋯⋯⋯⋯⋯⋯⋯002

1.1 我国泡桐资源分布 ⋯⋯⋯⋯⋯⋯⋯⋯⋯⋯⋯⋯⋯⋯⋯⋯⋯⋯⋯⋯⋯002

1.1.1 黄淮海平原栽培区 ⋯⋯⋯⋯⋯⋯⋯⋯⋯⋯⋯⋯⋯⋯⋯⋯⋯⋯002

1.1.2 温暖湿润栽培区 ⋯⋯⋯⋯⋯⋯⋯⋯⋯⋯⋯⋯⋯⋯⋯⋯⋯⋯⋯002

1.1.3 西北干旱、半干旱栽培区 ⋯⋯⋯⋯⋯⋯⋯⋯⋯⋯⋯⋯⋯⋯⋯002

1.2 国外泡桐引种栽培及资源分布 ⋯⋯⋯⋯⋯⋯⋯⋯⋯⋯⋯⋯⋯⋯⋯003

1.2.1 日本泡桐品种及资源 ⋯⋯⋯⋯⋯⋯⋯⋯⋯⋯⋯⋯⋯⋯⋯⋯003

1.2.2 亚洲国家引种泡桐情况 ⋯⋯⋯⋯⋯⋯⋯⋯⋯⋯⋯⋯⋯⋯⋯003

1.2.3 欧洲国家引种泡桐情况 ⋯⋯⋯⋯⋯⋯⋯⋯⋯⋯⋯⋯⋯⋯⋯003

1.2.4 美洲国家引种泡桐情况 ⋯⋯⋯⋯⋯⋯⋯⋯⋯⋯⋯⋯⋯⋯⋯004

1.2.5 大洋洲引种泡桐情况 ⋯⋯⋯⋯⋯⋯⋯⋯⋯⋯⋯⋯⋯⋯⋯⋯004

1.3 泡桐木材资源量 ⋯⋯⋯⋯⋯⋯⋯⋯⋯⋯⋯⋯⋯⋯⋯⋯⋯⋯⋯⋯⋯004

1.3.1 泡桐资源总量 ⋯⋯⋯⋯⋯⋯⋯⋯⋯⋯⋯⋯⋯⋯⋯⋯⋯⋯⋯004

1.3.2 泡桐资源品种概况 ⋯⋯⋯⋯⋯⋯⋯⋯⋯⋯⋯⋯⋯⋯⋯⋯⋯004

第二章　泡桐品种介绍 ⋯⋯⋯⋯⋯⋯⋯⋯⋯⋯⋯⋯⋯⋯⋯⋯⋯⋯⋯⋯⋯005

2.1 泡桐属在分类学上的位置问题 ⋯⋯⋯⋯⋯⋯⋯⋯⋯⋯⋯⋯⋯⋯⋯005

2.2 主要资源栽培品种 ⋯⋯⋯⋯⋯⋯⋯⋯⋯⋯⋯⋯⋯⋯⋯⋯⋯⋯⋯⋯005

白花泡桐 *Paulownia fortunei*（Seem.）Hemsl ⋯⋯⋯⋯⋯⋯⋯⋯005

楸叶泡桐 *Paulownia catalpifolia* Gong Tong ⋯⋯⋯⋯⋯⋯⋯⋯⋯007

毛泡桐 *Paulownia tomentosa*（Thunb.）Steud ⋯⋯⋯⋯⋯⋯⋯⋯010

兰考泡桐 *Paulownia elongata* S.Y.Hu ⋯⋯⋯⋯⋯⋯⋯⋯⋯⋯⋯012

山明泡桐 *Paulownia lamprophylla* Z. X. Chang et. S. L. Shi ⋯⋯⋯014

鄂川泡桐 *Paulownia albiphloea* Z.H.Zhu ⋯⋯⋯⋯⋯⋯⋯⋯⋯⋯016

南方泡桐 *Paulownia australis* Gong Tong ⋯⋯⋯⋯⋯⋯⋯⋯⋯⋯018

台湾泡桐 *Paulownia kawakamii* Ito ⋯⋯⋯⋯⋯⋯⋯⋯⋯⋯⋯⋯⋯019

川泡桐 *Paulownia fargesii* Franch ⋯⋯⋯⋯⋯⋯⋯⋯⋯⋯⋯⋯⋯021

2.3 其他优良品系 ⋯⋯⋯⋯⋯⋯⋯⋯⋯⋯⋯⋯⋯⋯⋯⋯⋯⋯⋯⋯⋯⋯023

2.3.1 泡桐属的种间变异 ⋯⋯⋯⋯⋯⋯⋯⋯⋯⋯⋯⋯⋯⋯⋯⋯⋯023

2.3.2 优良无性系 023

第三章　泡桐木材材性 024

　3.1 解剖特性 024

　　3.1.1 木材 024

　　3.1.2 解剖分子 024

　3.2 化学性质 027

　　3.2.1 化学成分 027

　　3.2.2 酸度 027

　　3.2.3 泡桐浸提物 028

　　3.2.4 色斑 028

　3.3 物理性质 028

　　3.3.1 密度 028

　　3.3.2 渗透性 029

　　3.3.4 干缩性 029

　　3.3.5 共振性质 029

　　3.3.6 热学性能 030

　　3.3.7 电绝缘性质 032

　3.4 力学性质 041

　　3.4.1 强度 041

　　3.4.2 耐磨性 041

　3.5 工艺性质 041

　　3.5.1 加工性质 041

　　3.5.2 干燥性质 041

中篇　泡桐材性改良篇

第四章　泡桐木材变色防治 044

　4.1 泡桐木材变色防治概述 044

　4.2 木材变色类型 044

　　4.2.1 化学变色 045

　　4.2.2 生物变色 046

　　4.2.3 光变色 049

　4.3 木材变色防治技术进展 049

　　4.3.1 化学变色防治 049

4.3.2 生物变色防治 049

4.3.3 光变色防治 050

4.4 泡桐木材变色研究进展 050

4.4.1 泡桐木材变色机理研究进展 050

4.4.2 防止泡桐木材变色方法的研究现状 050

4.5 泡桐木材变色类型研究 053

4.5.1 变色类型实验 053

4.5.2 泡桐木材光变色试验 054

4.6 泡桐木材变色机理研究 056

4.6.1 研究方法 056

4.6.2 结果与讨论 056

4.7 染菌泡桐材多酚氧化酶活性测定 057

4.7.1 材料与方法 057

4.7.2 结果与讨论 057

4.8 变色泡桐木材颜色变化规律 058

4.8.1 研究方法 058

4.8.2 结果与讨论 059

4.9 真菌作用下泡桐木材成分含量变化 061

4.9.1 研究方法 061

4.9.2 结果与讨论 061

4.10 真菌作用下泡桐木材成分结构变化 062

4.10.1 变色泡桐木材的傅里叶转换红外光谱（FTIR）分析 062

4.10.2 变色泡桐木材的化学分析光电子能谱（ESCA）分析 065

4.10.3 真菌作用下泡桐木材化学组分含量、结构变化的研究结论 066

4.11 泡桐木材变色防控技术研究 067

4.11.1 物理法控制泡桐木材变色 067

4.11.2 物理化学法防治泡桐木材变色 068

4.11.3 最佳配方处理试件与外贸出口A级板样品色泽对照检验 070

第五章　泡桐木材色斑脱出 073

5.1 泡桐木材脱色 073

5.2 泡桐木材的渗透性改善 075

5.3 木材蓝变脱出 079

5.3.1 材料与方法 080

5.3.2 结果与分析 081

5.3.3 结论 084

第六章　泡桐表面涂饰 086

6.1 泡桐木材染色 086

6.1. 方法与材料 086

6.1.2 结果与讨论 087

6.1.3 结论 090

6.2 泡桐木材表面涂饰 090

6.2.1 材料与方法 090

6.2.2 结果与讨论 091

6.2.3 结论 094

第七章　泡桐木材表面强化 095

7.1 试验材料及方法 095

7.1.1 试材 095

7.1.2 试样制作 095

7.1.3 低分子树脂合成 095

7.1.4 泡桐木材的压密前处理 096

7.1.5 热压处理 096

7.1.6 压密木材的物理性能参考测定 096

7.2 试验数据分析与讨论 097

7.2.1 体积稳定性分析 097

7.2.2 压密木材的恢复度分析 099

7.3 结论 100

7.3.1 泡桐压密实验结论 100

7.3.2 泡桐压密树脂浓度 100

7.3.3 压密定型工艺参数 100

7.3.4 压密效果提升方法 101

第八章　桐木木基金属复合材料 102

8.1 电磁辐射 102

8.1.1 电磁辐射的种类 103

8.1.2 电磁辐射的传播途径 103

8.1.3 电磁辐射的危害 104

  8.1.4 电磁辐射的防治 104

  8.1.5 木基金属复合材料研究的目的和意义 106

  8.1.6 木质电磁屏蔽材料国内外研究现状及评述 107

 8.2 木材真空镀膜的研究 108

  8.2.1 木材磁控溅射的工艺研究 109

  8.2.2 镀膜木材产品扫描电镜分析 114

下篇 泡桐加工利用篇

第九章 泡桐花果叶皮利用 118

 9.1 黄酮类化合物 118

  9.1.1 黄酮类化合物概述 118

  9.1.2 黄酮类化合物结构 118

  9.1.3 黄酮类化合物的提取分离 119

  9.1.4 黄酮类化合物抗氧化活性测定 119

  9.1.5 黄酮类化合物生物功能 120

 9.2 熊果酸 121

  9.2.1 熊果酸的功效 121

  9.2.2 熊果酸的结构 121

  9.2.3 熊果酸的提取方法 121

  9.2.4 熊果酸的分离纯化方法 123

  9.2.5 熊果酸的分析测定 123

  9.2.6 熊果酸的生物功能 124

第十章 泡桐木材主要用途 126

 10.1 工业利用 126

  10.1.1 桐木拼板 126

  10.1.2 胶合板 126

  10.1.3 刨花板 127

  10.1.4 重组木 127

  10.1.5 航空用材 127

  10.1.6 船舶 127

  10.1.7 造纸 127

  10.1.8 翻砂木模、模板及模型 127

  10.1.9 木丝 127

10.1.10 木炭和活性炭 128

10.2 文化用品 128

10.2.1 乐器 128

10.2.2 工艺品 128

10.3 家居生活用品 128

10.3.1 家具 128

10.3.2 饮食用具及包装箱 128

10.3.3 绝缘材料 129

10.3.4 木屐 129

10.4 建筑材料 129

10.4.1 屋架 129

10.4.2 室内装饰材 129

10.5 农具 129

第十一章　泡桐木材未来极具潜力发展产品 130

11.1 装饰材 130

11.1.1 泡桐木材的装饰特性 130

11.1.2 环保物理法变色控制 135

11.1.3 表面切削工艺 142

11.2 高档全桐家具 147

11.2.1 加工工艺 148

11.2.2 日本家具用材 148

11.2.3 日本桐木文化 148

11.2.4 桐木加工技术及其制品 149

11.2.5 桐木产品市场 150

11.3 泡桐木质套装门 150

11.3.1 泡桐木质套装门产业发展现状 150

11.3.2 泡桐木质门套 150

11.3.3 泡桐木质门加工 155

第十二章　经济效益可行性分析 171

12.1 泡桐木材墙壁板效益分析 171

12.2 泡桐木材家具制造效益分析 172

参考文献 182

上篇　泡桐基本信息篇

第一章　地理分布及资源量

1.1 我国泡桐资源分布

泡桐（*Paulownia*）原产我国。远古时期，就有"神农、黄帝削桐为琴"的传说，2600多年前的《诗经·鄘风》记载着泡桐和其他树木共同栽种及利用的内容。泡桐古称桐、梧、梧桐、荣桐木或荣桐。目前，泡桐在我国的25个省（市、区）有自然分布，泡桐是我国农林间作主要栽培树种，在长江、黄河中下游地区广泛种植，因泡桐根深，不跟庄稼争夺水肥，且春天放叶晚，对庄稼生长影响小，故泡桐多以散生林分布于农田中，纯林则多出现在沟壑、丘陵、潜山丘陵中。传统栽培则集中在黄淮海平原。进入21世纪以来，泡桐产业在传统主栽区稳步发展，在南方低山丘陵区因雨水、气温条件优越、宜桐地充裕，已形成发展泡桐用材林的热潮。

泡桐属有9种及4变种，主要分布长城以南地区，辽宁大连有零星分布。在我国大致分为三个主要区。

1.1.1 黄淮海平原栽培区

包括5省2市，即河南、山东、安徽、江苏、河北、天津、北京，其中河南、山东是泡桐的主要分布区，以兰考泡桐为主，另有楸叶泡桐、毛泡桐、白花泡桐、和优良无性系栽种。

1.1.2 温暖湿润栽培区

主要在我国长江以南广大省区，以白花泡桐为主，但同时也有毛泡桐、川泡桐等资源，近年来，也引进了不少兰考泡桐及速生优良无性系。

1.1.3 西北干旱、半干旱栽培区

包括甘肃、陕西、山西等省区，主要品种是毛泡桐、兰考泡桐、楸叶泡桐，同时还有其他优良无性系。

泡桐树资源存在形式主要有散生、人工林四旁树及农桐间作的模式。泡桐的天然林几乎没有，大部分是散生人工种植的。种植泡桐特别多的兰考县、荥阳县、路旁、渠旁、村旁、田地旁（俗称四旁）到处都栽种有泡桐树。春天，到处是鲜花盛放的泡桐树，喇叭形白底带紫大花朵压满枝头，一排排，一片片，好似花的海洋。泡桐花带有淡淡的芬芳气味，泡桐花卉可用来提取香精、药用成分。

实践表明，泡桐是优良的耐旱、耐盐碱树种，兰考县域等黄泛区泡桐长势非常好，8年就可以成材进入轮伐期，产生经济效益。焦裕禄同志于1963年春亲手栽种的一棵泡桐树，现在直径大得三个人才能合抱，材积有21 m³之多，已经作为文化古树得到保护，同时它也是人们栽种树木、保护环境、抵御自然灾害的见证。当年兰考沙化严重，土地遭风沙侵蚀，沙丘流动，土地荒芜，焦

裕禄调任兰考县委书记后，为治理风沙，大规模栽种泡桐树，环境恶化得以控制，土地改良，沙地变良田，如今兰考县年年林茂粮丰，百姓脱贫致富，很大程度得益于泡桐木材加工产业的良性发展。泡桐林一方面起到保护农田作用，另一方面，成熟更新的泡桐可以作为木材资源，是建筑、家具、包装、工艺品、乐器用良材。泡桐板材、家具、桐木乐器远销日本、韩国、美国、新加坡、意大利、英国、德国等国家，蜚声海内外。现在兰考县已经是世界闻名的泡桐栽培、加工利用良性示范区，很多发达国家学者、政府机构人员前来考察学习，欲在本国大力发展泡桐产业。

1.2 国外泡桐引种栽培及资源分布

1.2.1 日本泡桐品种及资源

日本的泡桐种类，以毛泡桐为主，另有毛泡桐和白花泡桐、台湾泡桐和紫桐。日本产毛泡桐和中国产毛泡桐在形态上有较大差异，究竟是从中国引入的，还是日本原产的，说法不一。工藤祐舜在《日本有用树木分类学》中指出，日本泡桐有野生，但原产在中国。他们都认为泡桐起源在中国，日本是引种栽培的。日本栽植历史很久，且日本毛泡桐因环境气候等因素影响发生了很大变异，提出日本毛泡桐是中国毛泡桐的变种的观点。

日本是世界上最崇尚桐木制品的国家之一，他们喜欢泡桐木材的颜色、花纹、质地、材性等，他们认为没有泡桐树引不来金凤凰，所以，日本农村房前屋后都种植泡桐树，以备孩子长大后婚嫁之用，

日本是消费泡桐木材量最多的国家，据外贸部门资料介绍，日本除国内生产大量桐木外，每年将需要进口桐木50万立方米左右。出口桐木的国家有中国、韩国、新加坡、泰国、美国、巴西、巴拉圭和阿根廷等。

1.2.2 亚洲国家引种泡桐情况

很多国家喜欢引种种植泡桐，他们称中国的泡桐是神奇的树、魔力树。亚洲除我国及日本种植，越南、老挝、泰国、柬埔寨、新加坡等也有栽培，以白花泡桐为主，及少量其他泡桐品种。

1.2.3 欧洲国家引种泡桐情况

欧洲的比利时、法国、德国、奥地利、荷兰、英国和意大利对泡桐的引种栽培抱有浓厚兴趣。这些国家和地区很多是在19世纪初期陆续从日本引种毛泡桐进行栽植，据资料介绍泡桐引入欧洲最早的1株是荷兰植物学家Siebold引入的，他于1829年1月从日本寄出毛泡桐到荷兰。1835年他出版一份有关泡桐幼树生长情况的报告中说，引种非常成功，泡桐适于欧洲生长，而且长势良好，这株泡桐年生长高2～3 m，3年生树干直径达10～12 cm。后来他又把这株泡桐移种到比利时Chent植物园。

法国引进泡桐开始于1834年。

英国于1838年从日本引入毛泡桐种子，1843年又从法国引种。

1863年Tinti记载过毛泡桐在奥地利开花的情况。1888年Nicholar报道在罗马城看到一株壮丽的泡桐树。在北部威尼斯也看到了泡桐树。1950年Henry Cocker还报道在意大利北部一株2年生的白花泡桐开了花。这些情况说明在意大利庭院中泡桐栽培是很常见的。

在德国，毛泡桐生长良好，并开花结果。

1.2.4 美洲国家引种泡桐情况

美国、巴西、阿根廷和巴拉圭等国家，泡桐发展较快，种类较多，栽培较广，而且在国际市场上出口泡桐木材到日本。

1917年Alice Eastwood在加利福尼亚大学校园内采到一份白花泡桐的标本，已故植物学家E.D.Mereill教授于1924年4月在加利福尼亚植物园采到一份白花泡桐开花的标本，7月又采到同一株树上的叶的标本。据说美国泡桐是在19世纪40年代从我国引进的，至少已有两个种，而且发展相当快。

巴西和巴拉圭的泡桐，据说是日本投资公司为了得到更多廉价的泡桐木材，他们于1955年开始在这两个国家购买土地并开始栽培。

1.2.5 大洋洲引种泡桐情况

大洋洲在20世纪初期也引进了毛泡桐。不过，引种最高潮还是在20世纪90年代，从我国引种白花泡桐及部分适生的优良品系。

1.3 泡桐木材资源量

1.3.1 泡桐资源总量

据调查全国泡桐大概在15亿株上下，采伐期一般在栽种后的第8～20年，活立木木材蓄积量6亿立方米左右，按20年进入大树期采伐，每年可有7500万株采伐，考虑到交通、距离、气候等影响，按每年可采伐株树的40%进行采伐计算，每年有3000万株采伐，按照每株最小头直径45 cm计算，主干5 m高，每株材积按0.8 m³计，故年可采伐材积2400万立方米。

1.3.2 泡桐资源品种概况

就树种而言，黄淮海平原以兰考泡桐居多，也有毛泡桐、楸叶泡桐、白花泡桐及优良无性系等种类；长江流域以白花泡桐、毛泡桐居多。近年来，国家泡桐研究有关的科研院所及大学，为推进泡桐产业发展，积极研究开发了一大批新品种，适于培育尖削度小、径级大、主干高、品质佳、材色好、缺陷少的工业优质材用优良品种，在河南、山东、陕西、安徽、湖北、江西、湖南等省份大面积推广。

第二章　泡桐品种介绍

2.1 泡桐属在分类学上的位置问题

泡桐属树种的营养器官有些特征属紫葳科Bignoniaceae，所以过去虽把泡桐属置于紫葳科内；而因果实和种子更重要的特征又系玄参科Scrophulariaceae，现在又改属玄参科。

2.2 主要资源栽培品种

关于泡桐属植物的研究，从北宋陈翥的《桐谱》开始，至今900多年间，特别是近年来，随着泡桐生产的发展，研究工作不断拓展深入，发表了50～60个品种及变种，国家新认定的品种也有不少，还有众多的杂交的新品种未正式命名。根据资源量的大小，及对泡桐木材加工业意义的重要性而言，本书内容重点介绍泡桐共9种4变种，着重描述其形态特征、地理分布和近似种的区分点。对不常见到的，资源量少的及未正式命名的种、变种、变形，此处不做论述。

白花泡桐 *Paulownia fortunei* (Seem.) Hemsl

白花桐《桐谱》、大果泡桐（河南曾用名）。乔木，高达40 m，胸径可达2 m以上，主干通直。树皮灰褐色，幼时光滑，老时浅裂。树冠圆锥形、卵形或伞形；小枝初有毛，后变无毛。叶长卵形或卵形，先端长渐尖或锐尖头，基部心形。花序圆筒形或狭圆锥形，长15～35 cm；侧枝短粗，分枝角45°左右；花期3～4月，较其他品种均早；种子连翅长6～10 mm。果期7～8月。

分布于江苏、安徽、浙江、福建、台湾、江西、湖北、湖南、四川、云南、贵州、广东、广西、山东、河南、陕西等地，野生或人工栽培均有，但多生于低海拔的山坡、林中、山谷及荒地，越向西南分布海拔越高，最高可达海拔2000 m。越南、老挝也有；美国公园有引种。

白花泡桐树干高大通直，连续接干性强，生长快，适应性强，是南方泡桐中最优良的树种之一。据1983年调查，发现四川省酉阳县老寨乡赵家村一株白花泡桐，胸径1.34 m，高44 m，材积22.48 m³，树龄为75年。湖北省恩施地区咸丰县阳东乡石板管理区红光村1株大白花泡桐，胸径2.1 m，无树冠，只留一半截树桩高18 m，在桩上部一萌发枝还开花结果。白花泡桐最适宜在南方发展，近年栽植逐年增多。

白花泡桐有各种不同的类型；从叶下面毛的多少看，有的毛很密，有的很疏，还有的从幼叶就无毛，从花色看，有白色、淡紫、淡红紫、淡黄等各种颜色，多数花内有大紫斑块，有少部分仅具小紫斑的；从果实形状看，椭圆形的、上部粗的、下部粗的、扁的、圆的、大的、小的等多种多样。果实结构也不完全相同。

楸叶泡桐 *Paulownia catalpifolia* Gong Tong

有的地方称：小叶桐、长葛桐、密县桐（河南）、楸皮桐（河南嵩县）、本地桐（河南林县）、山东桐、胶东桐（山东）、无籽桐（河北）、眉县桐（陕西）。

乔木，高达25 m，胸径1 m，干直。树皮幼时浅灰褐色，不裂，老时灰黑色，浅或深裂，有时极粗糙，似楸树，故称楸皮桐；皮茶褐色，皮孔突出，稍粗糙。树冠塔状圆锥形、长卵形至广卵形，中心主干明显，连年自然接干，侧枝斜伸，分枝角度小；小枝节间短，髓心小，皮孔明显；位于树冠顶端及周围外表的叶较长，显著下垂，树冠完满。叶通常长卵形，长约宽的2倍，长12～28 cm，宽10～18 cm，先端长渐尖，基部深心形。花序呈圆锥形或圆筒形，长10～30（90）cm，下部侧枝短、粗，长7～20（30）cm，分枝角45°左右；花期因地区不同而异，郑州4月中上旬，西部延至5月底，较兰考泡桐早约1周；果期10月。一般很少结果。

分布于山东、河南、河北、山西、陕西；北京市和大连市，均有栽培大树。多生于浅山丘陵地区，平原地区较少，耐寒，耐干旱瘠薄土壤，野生或栽培。据河南西部山区群众讲：在平原地区楸叶泡桐的生长速度不及兰考泡桐快，但上山以后就超越了兰考泡桐。

楸叶泡桐和白花泡桐有近似处，接干性相同：都是在顶芽下边的2～4对侧芽中萌发出一对一强一弱的侧枝，强枝逐渐沿主干方向往上生长，形成自然接干，弱枝向旁边生长，形成侧枝，所以它能连年接干，形成高大的乔木。叶形、花蕾形状、果实形状均似白花泡桐，但都显著地细小，可以区别。

楸叶泡桐树干通直高大，树形优美，材质优良，花纹美观，为本属各种中最佳者，应在华北浅山丘陵地区大力推广种植，亦宜四旁植树。

毛泡桐 *Paulownia tomentosa* (Thunb.) Steud

紫花桐《桐谱》，锈毛泡桐《云南植物志》，绒叶泡桐《华北经济植物志要》，日本泡桐《中国树木分类学》。

乔木，高达18 m，胸径可达1 m。树皮灰褐色，成熟时浅裂。树冠宽大伞形；小枝皮孔明显，幼时被粘质腺毛及分枝毛。叶卵形或心脏形，纸质，长20～30 cm，宽15～28 cm，先端锐尖或渐尖，基部心形；新枝及幼苗上的叶大，具腺毛和不分枝的单毛；叶柄常具腺毛。花序大，宽圆锥形或圆锥花丛，长40～60（80）cm，下部侧枝细柔而长，长可达花序轴的2/3左右，分枝角60°～90°；聚伞花序梗长8～25（30）mm，花梗长5～35 mm，密被淡黄色分枝毛；花蕾近圆形或倒广卵形，长7～10 mm，径6～8 mm，密被毛，花梗顶端弯曲，与花蕾几成直角；花长5.5～7.5 cm；花冠漏斗状钟形，长5～7.5 cm，冠幅3.5～4 cm，弓曲，不压扁，外部鲜紫色或微带蓝紫色，密被长腺毛，里面光秃无毛，近白色，下唇筒部有2纵褶，淡黄色，里边紫斑和紫线有多种变化。蒴果卵形、长卵形或圆卵形，长3～4 cm，直径2～2.7 cm，先端细尖，喙长3～4 mm；种子连翅长约3.5 mm。花期4～5月。较它种泡桐花期均晚；果期9～10月。常果实累累，将果枝压得下倾弯曲。

耐寒、耐旱能力强，分布范围极广，基于毛泡桐的这种优良特性，科学家们以毛泡桐与白花泡桐杂交，培育出了很多毛白系列优良品种，辽宁南部、河北、河南、山东、山西、陕西、甘肃、四川、云南、江苏、江西、安徽、湖北、北京、上海通常有栽培。河南西北、湖北西部山区有野生。垂直分布可达海拔1800 m。日本、朝鲜、欧洲和南美洲、北美洲亦有引种栽培。

山区生长较好，干型高，有的可以自然接干，但在平原地区很少有接干的；干多低矮，冠大，故不宜在农田种植，而宜在气温较低的山区和高纬度地区发展。

毛泡桐分布面广，适应性强，变异大，类型多，下述3变种较常见。

1. 光泡桐 *P.tomentosa* var. *tsinlingensis*（变种）

本变种和毛泡桐的主要区别在于成熟叶片下面无毛或毛极稀疏，叶常呈圆形，基部微心形，两面颜色近似。

分布于陕西、甘肃、山西、河北、河南、山东、安徽、湖北、四川和辽宁南部，栽培或野生，海拔可达1700 m。

2. 亮叶毛泡桐 *P.tomentosa* var. *tsinlingensis*（新变种）

本变种和毛泡桐的主要区别在于，小枝较粗，节较短。叶较厚，上面深绿色，有光泽，下面密被灰绿色树枝状厚毛层；蒴果较大。

辽宁省沟县、海洋红，海拔150 m，1978年9月1日，芡哲新78-5.78-6；金县，响水沟，1978年9月8日，芡哲新78-11；熊岳，1978年9月9日，芡哲新78-13。

3. 黄毛泡桐 *P.tomentosa* var. *lanata*（变种），又名小花泡桐（云南植物志）

本变种和毛泡桐的区别，主要在于叶下面和花萼外面密被黄色厚绵毛。

分布于河南西部、湖北西部及云南省。

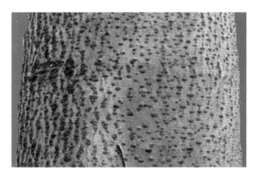

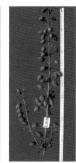

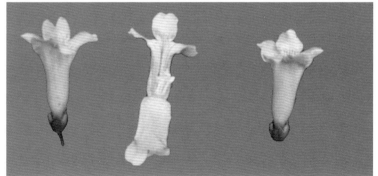

兰考泡桐 *Paulownia elongata* S.Y.Hu

乔木，高达20m，胸径1m许。树皮灰褐色至灰黑色，幼时光滑，老时浅裂或深裂。主干通直，常分2节，树冠亦常呈两棚楼状；小枝粗，髓腔大，节间较长，分枝角60°～70°，皮孔明显，微突起。叶卵形或广卵形，厚纸质，长15～25(30)cm，宽12～20cm，先端尖或钝，基部心形。花序狭圆锥形、狭卵形或圆筒形，长40～60(153)cm，分枝角45°左右，分枝短粗，常常最下边1～2对稍短，第3～4对最长，或下边的最长；花冠钟状漏斗形，长7.5～9.8cm，未开放前深紫色，开放后向阳

面紫色，阴面淡紫色，上壁淡紫色，有少数紫斑，下壁近白色，有2纵褶，黄色，密布紫斑和紫线。蒴果卵形或卵圆形，或椭圆状卵形，长3～5 cm，径2～3 cm；种子连翅长约5～6 mm。花期4～5月，较白花泡桐和楸叶泡桐晚，而较其他种类早；果期9～10月，一般结果不多。

分布于河北、河南、山东、山西、陕西、湖北、安徽、江苏等省；河南中部和东部、山东西南部和安徽西北部，是兰考泡桐的集中分布区，辽南和南方各省几乎都有引种。

兰考泡桐是北方泡桐中生长最快的一种，它的主干生长与其他树种不同，不是年年上长，而是一次长成，停几年以后再上长第二段，所以主干通直，常分两节，树冠分两层，就是这样形成的。树冠稀疏，发叶晚，生长快，根系深，是农桐间作的好树种。数量多，材量大，是出口桐木中最多的一种。

山明泡桐 *Paulownia lamprophylla* Z. X. Chang et. S. L. Shi

光桐（河南内乡称谓），明桐（河南镇平称谓）。乔木，高达20 m，胸径1 m。树皮灰白色至灰褐色，浅裂，粗糙。树冠卵形至广卵形；小枝幼时有毛，后变无毛。叶厚，革质，长椭圆状卵形、长卵形或卵形，长15～25（30）cm，宽12～20 cm，先端长渐尖或锐尖，基部心形。花序圆筒形或狭圆锥形，长10～30（45）cm，下部分枝粗壮，长约10 cm；花冠钟状漏斗形，微弯曲，稍压扁，喉部径3～4.5 cm，冠幅6～7 cm，向阳面淡紫色，阴面近白色，后全变白色，下唇筒壁有2条纵褶，里面除下唇筒壁有清晰的细小紫斑和紫线外，全部秃净；花药紫褐色或白色，无花粉。蒴果椭圆状卵形，长5～6 cm，径3～3.5 cm。种子连翅长6～7 mm。结果极少。

本种与白花泡桐 *Paulownia fortune* 树形、花序、花蕾、花萼、叶形、叶下面毛等极相似，但后者花冠管状漏斗形，长8～12 cm，冠幅7.5～8.5 cm，花粉多；结果多，果实大，椭圆形，长6～10 cm，径3～4 cm，果皮厚3～6 mm；种子连翅长6～10 mm可鉴别。

分布于河南西南部的南阳、镇平、内乡、新野、唐河等和湖北西北部的襄阳、南漳、宜城、松滋等县、市。

山明泡桐除具有其他泡桐共同的用途之外，它的叶片厚而光亮，叶子清新飘香，可以食用，群众习惯代作蒸馍的笼布；木材白度高，色斑少，色差小。

山明泡桐适应性强，用途广，群众很喜爱，外贸需求量大，是一个很有发展前途的优良树种。近年来，在产区发展较快，应扩大其范围，在适生地区大力推广种植。

鄂川泡桐 *Paulownia albiphloea* Z.H.Zhu

主干通直，树干在7～8年生前呈灰白色，较光滑。叶卵状至长卵状心形，成熟叶厚革质，上面光滑具光泽，下面密生具有长毛发状侧枝的短柄树枝状毛。花序枝较长，一般40 cm左右，成狭圆锥状，有时无侧枝，呈圆筒状，聚伞花序总梗一般短于花柄近2倍；花紫色，长7～8 cm，内有紫色细斑点，花冠漏斗状。果矩圆状椭圆形，长4～6 cm，先端往往偏向一侧，成熟果被毛大部分不脱落。

分布于鄂西的恩施地区、川东及四川盆地，野生或栽培，多生在海拔200～600 m的丘陵山地。自然接干性强，果形似楸叶泡桐，但花冠形状、叶形、被毛和自然分布区等均不同于楸叶泡桐。

成都泡桐（变种）

与鄂川泡桐的区别主要是成熟叶光滑无毛，花冠内无紫色斑点，成熟果大部分脱毛，一般不结实，果矩圆形，长4～6 cm，最宽处直径1.5～2.5 cm，果壳厚2～2.5 mm，有明显总梗的聚伞花序，浅裂的萼片等。

分布与鄂川泡桐基本吻合。自然接干性强，在四川盆地栽植较多。

南方泡桐 *Paulownia australis* Gong Tong

乔木，高约20m。树冠伞形，枝条开展，当年生枝直径5~12mm。叶卵形或宽卵形，长10~30cm，宽8~30cm，全缘或3~5浅裂，基部心形，先端尖锐或渐长，纸质，下面密生绒毛和粘腺毛。花序枝宽大，侧枝长超过中央主枝之半，成宽圆锥花序，长达80cm；小聚伞花序有短总花梗，梗长约5mm，花序顶端的小聚伞花序总梗极短而不明显；花梗长8~15mm，具星状毛；花冠漏斗状钟形，长5~7cm，紫色，腹部稍带白色，并有两条明显纵褶，里面有暗紫色斑点，外面有星状毛和腺毛。果实椭圆形，长约4cm，幼时具星状毛，果皮厚约2mm；宿萼近漏斗形；种子连翅长3~3.5mm。花期3~4月；果期7~8月。

浙江、福建、江西、湖北、湖南、四川、贵州、云南、广东等省有分布；河南有引栽。

至本书出版时，未能收集到该种相关实物照片。

台湾泡桐 *Paulownia kawakamii* Ito

黄毛泡桐（福建）、水桐木（广西）、华东泡桐（华东地区）。小乔木，高6～12 m。树冠伞形，主干矮；小枝褐灰色，有明显皮孔。叶心脏形，大者长达48 cm，顶端锐尖头，全缘或3～5浅裂或有角，两面有粘毛，老时显现单条粗毛，上面常有腺；叶柄较长，幼时具长腺毛。花序枝的侧枝发达而几与主央主枝等势或稍短，故花序为宽圆锥形，长可达1 m；小聚伞花序无总花梗或位于下部者具总花梗，但比花梗短得多，有黄褐色绒毛，常具花3朵；花梗长达12 mm；花冠近钟形，浅紫色至蓝紫色，长3～5 cm，为本属中花最小者，直径3～4 cm；蒴果卵圆形，长2.5～4 cm；种子连翅长3～4 mm。花期4～5月，果期8～9月。

分布于湖北、湖南、江西、浙江、福建、台湾、广东、广西、四川、贵州、云南，多野生，生于海拔200～1500 m的山坡灌丛、疏林及荒地。

本种主干低矮，不宜造林。但因叶多粘腺，不受虫害，可用于杂交培育新品种。

湖北、湖南、四川、云南、贵州均有分布，野生或栽培，生于海拔1200～3000 m的林中及坡地。

川泡桐 *Paulownia fargesii* Franch

　　乔木，高达20 m。树冠宽圆锥形，主干明显；小枝紫褐色至褐灰色，有圆形凸出皮孔，全体披星状绒毛，毛逐渐脱落。叶片卵圆形至卵状心脏形，长达20 cm以上，先端长渐尖或锐尖头，上面疏生短毛，下面密被黄褐色具长柄的树状分枝毛；叶柄长达11 cm。花序枝的侧枝长可达主枝之半，故花序为宽大圆锥花序，长约1 m；小聚伞花序无总梗或总梗极短，有花3～5朵，花梗长不及1 cm；花冠近钟形，白色有紫色条纹至紫色，长5.5～7.5 cm，外面被短腺毛，里面常无紫斑，管在基部以上突然膨大，多少弓曲。蒴果椭圆形或卵状椭圆形，长3～4.5 cm；种子连翅长5～6 mm。花期4～5月，果期8～9月。

　　湖北、湖南、四川、云南、贵州均有分布，野生或栽培，生于海拔1200～3000 m的林中及坡地。

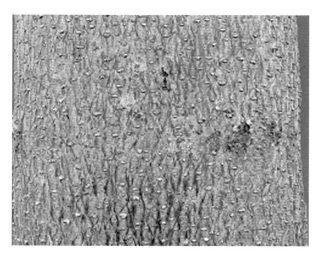

2.3 其他优良品系

2.3.1 泡桐属的种间变异

国家林业局泡桐研究开发中心研究人员，在泡桐资源调查收集过程中，发现有12个形态变异的个体或类型，跟现有种类有一定区别，属于不同种间的过渡类型，这部分泡桐在树木形态、花型、树皮、果实等特征方面，跟原有品种的特征不完全一致，在树木采伐、资源收集时应该特别注意。

2.3.2 优良无性系

我国自20世纪70年代以来，通过选择、杂交、杂种优势利用等科技手段，选育出了具有不同优良性状的优良无性系近百个，其中已经鉴定的40多个，并在一定省区进行了推广；未鉴定的40多个，仍在实验、观察、培育阶段。因资源量有限，本书暂不赘述。

第三章 泡桐木材材性

3.1 解剖特性

3.1.1 木材

干燥后的桐材材色基本一致，心边材没有大的区别，边材颜色略浅，灰白色，仅1～2年轮宽，横切面呈灰红褐或浅红褐色；干后材面上往往出现黑褐色条纹状斑块，俗称色斑，系泡桐材的变色缺陷。

泡桐树木幼龄时有髓心（通常直径2cm左右），但成材后基本消失，在造材过程中迹象不明显，或看不见。髓心外层称环髓带或髓鞘，其薄壁细胞较内部的为小，壁较厚，宽（约2mm）而明显。

年轮通常宽1～4cm，多数为2cm左右。轮内管孔由内往外逐渐减少、减小，早晚材带间不明显，所以泡桐属应视作半环孔材，只有很少很窄的生长轮才有点像环孔材。因为年轮起始处有很少木纤维，几乎全为导管及轴向薄壁组织。

3.1.2 解剖分子

泡桐材由导管、木纤维及木薄壁组织（木射线及轴向薄壁组织）组成。

（1）组织比量：8种泡桐的木材组织比量，以1.3m高处的圆盘为准，种间虽有差异（表3-1），但各树种的树龄不同，降低了比较价值；不过可以看出作为造纸原料的主要成分——木纤维，无论树龄大小如何其比量都在50%以上，与有名的造纸原料树种——杨树 *Populus* spp.差不多。因为泡桐材年轮始处的木纤维含量很少，比外部平均约少20倍（表3-1），所以宽轮的木纤维比量常比窄轮为高，导管比量则相反。故泡桐生长越快，年轮就越宽，就越有利于作造纸原料。

（2）导管：初生木质部的导管为径列复管孔或管孔径列，开始小，以后增大，直至后生木质部。紧接的次生木质部导管也往往减小，以后又增大。

导管穿孔单一，纹孔呈互列，心材导管内常含侵填体。比量，8种平均占9.2%（表3-1），由髓向外（表3-2，3-3）或由下往上（表3-4）均明显增加，但前者有较大变化。长度，生长轮内部较外部短，8种平均分别为301mm和357μm，以兰考泡桐为最长，光叶泡桐为最短（表3-1）；由髓向外增长（表3-2，表3-3），由下往上则有减短趋势。但无规律（表3-4）。直径，8种平均为146μm（表3-1），以泡桐（白花泡桐）为最宽，光泡桐为最窄，无论是由髓向外（表3-2，表3-3）或由下往上（表3-4）均有增大。

（3）木纤维：有两种类型，除具一般形态的一类外，另有一类是中部宽大，两端骤然尖削，有的与纺锤薄壁细胞区别小，容易混淆。壁甚薄，纹孔具缘。比量，8种平均占54.1%（表3-1），由髓向外有减少趋势，但有起伏（表3-2，表3-3）；由下往上减少，至9.3m起又增加（表3-4）。长度，8种平均为1095μm（表3-1），由髓向外和由下往上均有增长趋势（表3-2）。直径，8种平均宽36.3μm（表3-1），由髓向外增大（表3-2，表3-3）；在不同高度上以1.3m处为最大，往上较小，且几乎无变化（表3-4）。

（4）木射线：同型单列及多列，位于轴向薄壁组织间者往往比位于木纤维间者为宽。比量，8种平均占8.8%，以川泡桐为最小，兰考泡桐为最大（表3-1），由下往上变化不大；由髓心向外通常有降低趋势（表3-2，表3-3），川泡桐从29轮起又增高。高1~50细胞，宽1~8细胞，8种平均分别为269和40.5 μm（表3-1）；由髓向外和由下往上有增加趋势，但变化不规则（表3-2，表3-3，表3-4）。射线高度与宽度的大小并不一致，如毛泡桐的射线为8种中最高者，但最窄（表3-1）。

（5）轴向薄壁组织：为薄壁组织束，多由2个细胞组成，少数4个，川泡桐偶见3个，纺锤薄壁细胞则很少。

表3-1　8种泡桐材在1.3 m高处的木材分子大小（μm）及组织比量（%）*

树种	导管							木纤维						木射线			轴向薄壁组织		
	比量			长度			宽度	比量			长度	宽度	比量	高度	宽度		比量		
	生长轮		均值	生长轮		均值		生长轮		均值							生长轮		均值
	内部	外部	**	内部	外部	**		内部	外部	**			**				内部	外部	**
南方泡桐	25.3	5.9	6.7	276	322	299	137	3.8	57.2	54.9	1043	36.0	9.6	288	38.0		62.3	27.3	28.8
楸叶泡桐	26.8	7.2	9.9	358	404	381	132	1.6	62.2	53.8	1128	35.7	9.2	276	47.0		61.8	21.4	27.1
兰考泡桐	27.5	7.2	9.1	362	425	394	154	2.6	61.4	56.0	1120	35.1	9.7	295	50.8		60.5	21.8	25.2
川泡桐	29.2	5.5	10.0	341	388	365	162	3.8	64.0	52.8	1199	41.6	6.0	257	40.6		61.5	24.5	31.2
泡桐	23.8	7.2	9.0	308	347	328	177	4.6	55.7	50.1	1190	41.9	9.9	262	43.4		61.8	27.3	30.9
台湾泡桐	25.8	6.8	8.6	260	353	307	143	3.5	62.1	56.7	1180	34.0	8.8	210	37.0		64.1	22.0	25.9
毛泡桐	33.7	8.4	11.8	285	335	310	140	2.8	59.8	52.3	941	33.0	7.9	301	33.0		56.8	23.8	28.1
光泡桐	28.0	6.2	8.3	215	280	248	119	3.0	57.2	55.9	957	33.1	9.5	261	34.2		61.8	22.4	26.3
均值	27.5	6.8	9.2	301	357	329	146	3.2	60.0	54.1	1095	36.3	8.8	269	40.5		61.3	23.8	27.9

*比量测定采用规则点测法；**按生长轮内、外部宽度比例计算。

表3-2　8种泡桐材在1.3 m高处由髓往外木材分子大小（μm）及组织比量（%）的变化

项目		生长轮	3	5	7	9	11	13	15	17	19	21	23	25	27	29	31	33	3、5、7轮平均值
导管	长度	内部	279	281	300	307	323	345	365	358	339	375	370	337	377	378	382	378	284
		外部	339	335	360	365	382	399	411	448	396	402	413	395	394	397	381	361	345
	宽度		103	132	145	162	168	164	161	172	198	173	164	124	183	186	169	211	127
	比量		6.2	7.9	8.8	11.6	11.7	12.5	11.0	9.6	10.0	6.2	9.2	11.9	11.5	13.4	14.0	13.8	7.6
木纤维	长度		917	1033	1129	1144	1164	1183	1228	1237	1223	1241	1259	1230	1200	1229	1159	1180	1026
	宽度		3401	35.3	36.3	37.0	37.3	36.8	45.1	38.6	398	43.6	41.6	42.7	45.4	46.5	46.8	40.9	35.2
	比量		62.9	55.2	53.1	50.1	49.8	48.1	44.8	53.2	51.3	61.6	50.1	51.7	52.8	51.3	50.5	48.1	57.1
木射线	高度		242	283	265	263	271	293	290	281	260	265	273	274	293	280	282	267	263
	宽度		38.3	42.5	42.5	40.5	38.0	43.8	48.3	42.5	43.0	40.0	41.0	40.0	49.0	41.0	41.0	39.0	41.1
	比量		8.6	10.1	8.8	8.2	7.7	7.7	7.6	7.2	5.1	5.7	5.9	4.3	4.3	6.0	6.1	7.3	9.2
轴向薄壁组织比量			22.4	26.8	29.2	30.2	30.6	31.8	36.2	30.1	33.6	26.6	34.9	32.2	31.4	29.5	29.5	30.9	26.1

表3-3　川泡桐在1.3m高处不同生长轮上的木材分子大小（μm）及组织比量（%）

项目			生长轮 3	5	7	9	11	13	15	17	19	21	23	25	27	29	31	33	平均值
导管	长度	生长轮 内部	323	320	313	290	309	291	332	342	339	375	370	337	377	378	382	378	341
		生长轮 外部	407	340	376	348	391	413	385	413	396	402	413	395	394	397	381	361	388
		均值	365	330	345	319	350	352	359	378	368	389	392	366	386	388	382	370	365
	宽度		114	125	135	164	151	154	168	177	198	173	164	124	183	186	169	211	162
	比量	生长轮 内部	19.0	24.7	26.5	29.1	27.2	30.2	30.0	29.6	26.4	24.5	24.3	33.6	30.9	33.9	39.9	35.6	29.1
		生长轮 外部	3.9	4.1	4.0	5.3	5.2	5.4	6.6	4.9	6.1	4.4	5.2	6.0	5.3	7.3	5.4	6.5	5.4
		均值	5.5	7.1	7.5	10.8	8.8	8.6	11.3	9.0	10.0	6.2	9.2	11.9	11.5	13.4	14.0	13.8	9.9
木纤维	长度		1037	1086	1132	1204	1282	1227	1243	1258	1223	1241	1259	1230	1200	1229	1159	1180	1199
	宽度		37.3	38.2	38.1	38.2	39.6	41.1	44.9	41.0	39.8	43.6	41.6	42.7	45.4	46.5	46.8	40.9	41.6
	比量	生长轮 内部	4.1	5.1	6.0	6.2	4.1	4.4	3.4	3.4	2.1	4.1	3.7	1.2	2.9	3.4	2.7	2.5	3.7
		生长轮 外部	67.5	68.1	64.1	66.2	62.3	59.8	59.8	64.3	63.7	66.3	62.1	62.6	65.1	63.9	66.5	63.4	64.1
		均值	60.0	58.7	55.0	51.5	53.1	52.4	46.0	55.1	51.3	61.6	50.1	51.7	52.8	51.3	50.5	48.1	53.1
木射线	高度		207	222	234	209	249	269	266	264	260	265	273	274	293	280	282	267	257
	宽度		31	31	39	39	41	45	45	44	43	40	41	40	49	41	41	39	40.6
	比量		6.6	6.7	6.7	6.3	6.0	6.4	5.8	5.8	5.1	5.7	5.9	4.3	4.3	6.0	6.1	7.3	5.9
轴向薄壁组织	比量	生长轮 内部	71.4	64.3	61.8	58.8	63.8	60.2	60.6	61.1	65.8	66.9	67.9	55.7	61.1	54.4	51.2	55.0	61.3
		生长轮 外部	21.9	20.9	25.0	23.1	26.2	28.3	28.0	24.9	25.3	23.5	26.5	25.1	25.5	22.9	22.2	22.8	24.5
		均值	27.9	27.5	30.7	31.5	32.1	32.5	36.8	30.0	33.6	26.6	34.9	32.2	31.4	29.5	29.5	30.0	51.1

表3-4　川泡桐在不同高度上的木材分子大小（μm）及组织比量（%）

离地面高度（m）	导管							木纤维					木射线			轴向薄壁组织		
	长度			宽度	比量			长度	宽度	比量			高度	宽度	比量	比量		
	生长轮 内部	外部	均值		生长轮 内部	外部	均值			生长轮 内部	外部	均值				生长轮 内部	外部	均值
1.3	341	388	365	162	29.2	5.5	10.0	1199	41.6	3.8	64.0	52.8	257	40.6	6.0	61.5	24.5	31.2
3.3	354	391	373	174	36.1	6.9	13.2	1303	36.2	4.1	64.3	51.6	272	39.0	6.1	55.4	22.6	29.1
5.3	318	354	336	193	37.1	7.8	15.2	1178	36.0	4.5	65.2	49.9	262	40.6	6.6	52.9	20.3	28.3
7.3	335	376	356	198	37.7	7.7	14.5	1207	36.5	3.8	65.4	50.8	286	37.2	6.2	54.5	20.4	28.5
9.3	283	339	311	187	36.6	7.0	13.1	1193	36.0	3.2	67.8	54.8	268	42.0	6.6	54.3	18.3	25.5
12.2	336	391	364	207	44.1	10.2	18.3	1340	36.8	4.9	67.9	53.2	311	46.8	6.1	45.0	15.7	22.4
均值	328	373	351	187	36.8	7.5	14.1	1238	37.2	4.1	65.8	52.1	276	41.0	6.3	53.9	20.3	27.5

表3-5　8种泡桐材的化学成分*

含量（%）\项目\树种	灰分	冷水浸提物	热水浸提物	1% NaOH浸提物	苯—乙醇浸提物	克—贝纤维紫	克—贝纤维紫中的α纤维紫	木质紫	戊聚糖	木材中α纤维紫	热水浸提液中的还原糖（以葡萄糖计）	单宁	树皮中的单宁
南方泡桐	0.46	4.18	6.20	22.45	4.36	54.73	74.66	24.11	23.95	40.86	1.12	0.61	—
楸叶泡桐	0.51	8.74	11.34	26.03	10.00	53.10	74.71	21.92	20.56	39.67	2.28	0.71	1.22
兰考泡桐	0.74	7.99	10.60	25.74	9.69	52.82	74.21	24.11	23.31	39.20	1.57	0.67	—
川泡桐	0.33	6.15	8.91	27.81	7.32	52.99	72.65	22.64	25.35	38.50	1.63	1.38	—
泡桐	0.73	7.23	8.70	22.52	7.12	53.99	77.77	24.68	20.89	40.37	1.73	0.44	—
台湾泡桐	0.29	5.43	7.59	24.97	5.48	55.02	75.35	22.63	25.06	41.46	1.29	1.20	3.50
毛泡桐	0.19	7.57	10.78	26.80	9.70	57.71	74.42	20.87	24.78	40.72	2.11	1.65	1.66
光泡桐	0.21	7.35	10.30	26.65	9.55	54.56	74.51	21.64	24.02	40.65	2.09	1.54	2.98
平均	0.43	6.83	9.30	25.37	9.90	53.99	74.41	22.73	23.49	40.18	1.73	1.03	2.34
其他57种阔叶树材平均	0.61	3.31	4.67	19.67	4.16	57.53	77.27	23.66	21.13	43.68	—	—	—

*木材绝干重为基准。

3.2 化学性质

3.2.1 化学成分

构成木材的化学成分主为纤维素和半纤维素及木质素，其次是浸提物和少量的无机物。8种泡桐与57种阔叶树材相比，木材主要成分的差别不大；但次要成分浸提物在各种溶剂中的含量，泡桐材的数值明显增大，其中冷水和热水的浸提物大多成倍增加（表3-5）。

浸提物填充于细胞腔内，并渗透至细胞壁中。浸提物只是木材中少量成分，并非胞壁必不可少的构成成分；但它对木材材性和利用的影响却很大。泡桐材的浸提物含量高，易对"色斑"、木材胀缩，渗透、木材酸碱度等产生影响。

3.2.2 酸度

木材酸碱度是以木材所含水分中的pH值来表示。pH值过低很可能加快腐蚀与之接触的金属。泡桐的pH值对材色、油漆、胶合、木材对金属的腐蚀、木材防腐或木材改性等均有影响。人造板的热压胶合固化时，木材酸度对胶合剂的固化和决定固化剂的加入量会有重要影响。8种泡桐材的pH均值低于与之对比的39种阔叶树材的均值（表3-6）；而不同泡桐材间pH值则以兰考泡桐和南方泡桐为较小，毛泡桐和光泡桐为较大。

表3-6 8种泡桐材的pH值

树种	Ⅰ法测得的pH值	Ⅱ法测得的pH值
南方泡桐	4.93	5.00
楸叶泡桐	4.70	4.78
兰考泡桐	5.03	5.08
川泡桐	4.57	4.62
泡桐	4.84	4.88
台湾泡桐	4.50	4.50
毛泡桐	4.03	4.14
光泡桐	4.22	4.20
平均	4.61	4.65
其他39种阔叶树材平均[19]	5.08	5.27

3.2.3 泡桐浸提物

泡桐材富含浸提物，浸提物存于细胞腔内，并渗透至细胞壁中。浸提物只是构成木材的少量成分，亦非胞壁构成必要成分；但它对木材材性和利用的影响很大。泡桐材的浸提物含量特别高，对色斑的产生、木材胀缩、单体浸注、木材酸度等都有影响。

3.2.4 色斑

新伐或湿泡桐材锯解后，成材色浅而均匀，也有少量原木在砍伐后即发现有变色情况，多数是泡桐在储存或加工过程中，出现黑褐色斑块。有一部分变色是由化学物质变色引起，但是，也有一部分是由变色菌变色引起，无论是化学变色还是真菌变色，都对木材质量构成重大影响，外贸出口中桐木产品经常由于变色而降等或退货，目前，经国家林业局泡桐研究开发中心及国内外相关研究人员的长期研究攻关，取得了一系列重要研究成果，变色机理、途径、过程基本明晰，变色可控、可调、可防、可治。

3.3 物理性质

3.3.1 密度

木材密度因树种不同其差别很大。密度通常是表明木材物理和强度性质的重要指标，研究泡桐树种的木材密度，即可对泡桐材的物理和强度性质作出适当评价。

种间的木材密度：8种泡桐材的气干密度都是属于最轻等级的，种间虽有差异，但变化范围并不太大（表3-7）。

表3-7 8种泡桐材在1.3m高处的气干（含水率15%）密度

树种	株数	试样数	平均值（g/cm³）	标准差（g/cm³）	变异系数（%）
川泡桐	3	46	0.257	0.042	16.3
兰考泡桐	3	24	0.279	0.029	10.4
白花泡桐	3	20	0.282	0.036	12.8
南方泡桐	3	23	0.287	0.044	15.5

续表

树种	株数	试样数	平均值（g/cm³）	标准差（g/cm³）	变异系数（%）
光泡桐	3	24	0.315	0.037	11.8
楸叶泡桐	3	29	0.316	0.037	11.7
毛泡桐	3	26	0.319	0.021	6.7
台湾泡桐	3	15	0.328	0.039	12.1

3.3.2 渗透性

木材渗透性是指气体和液体在木材内流动的速度，是关系到木材防腐、制浆和干燥处理的重要性质。有学者认为泡桐木材渗透性好，但常德龙、黄文豪等人对泡桐木材渗透性进行研究，发现其渗透性不佳，经干燥的泡桐浸水实验、浸渍化学试剂单体都很难，同杨木进行对比水浸渍实验，5 cm厚、40 cm宽、200 cm长的杨木板材5个小时就可浸透，而相同规格的泡桐板材浸泡时间是杨树的9倍还没有完全浸透，很多速生木材改良研究学者也发现，泡桐木材在做浸渍实验时浸水、浸渍化学试剂很难。

3.3.4 干缩性

木材干缩性是指木材所含水分在纤维饱和点以下时，其尺寸或体积随含水分率降低而缩小的性质。木材干缩性大小的等级：根据苏联的分级方法，以气干材体积干缩系数为准，通常分为4级：干缩小（小于0.45%），干缩中（0.46%～0.55%），干缩大（0.56%～0.65%），干缩甚大（大于0.65%）。

8种泡桐材的体积干缩系数为0.269%～0.371%（表3-8），与表3-14一样都表明泡桐材的干缩性很小；同样其湿胀性亦很小。这是泡桐材的一项很重要的优良性质，有利于种类木制品如家具、工艺品、容器和其他生活用品等的制作和使用。

表3-8　8种泡桐材的干缩系数

树种	干缩系数（%）		
	径向	弦向	体积
川泡桐	0.074	0.195	0.269
南方泡桐	0.093	0.179	0.272
毛泡桐	0.093	0.207	0.301
兰考泡桐	0.098	0.213	0.310
光泡桐	0.107	0.208	0.333
白花泡桐	0.094	0.268	0.362
楸叶泡桐	0.112	0.259	0.371
台湾泡桐	0.134	0.238	0.371

3.3.5 共振性质

声学性能：泡桐木材具有较好的导音性，是极好的乐器制作材料。尤其是兰考泡桐是制作高品质古筝、古琴、琵琶等的好材料，自古以来，我国就有用泡桐制作乐器的传统。8种泡桐与乐器用材鱼鳞云杉的基本声学性能检测结果列于表3-9。从表中可以看出，泡桐都是共振性非常好的乐器用材。

表3-9　8种泡桐材及鱼鳞云杉的基本声学性质

树种	株数	试样数	气干密度均值（g/cm³）	动弹性模量均值（1000 kg/cm²）	顺纹传声速度均值（m/秒）	声辐射品质常数均值（m⁴/kg·秒）	对数缩减量均值（δ）	声阻抗平均值（×10⁴达因秒/cm³）
川泡桐	2	18	0.222	46.1	4394	19.03	0.0242	10.30
	3	34	0.239	55.8	4785	20.84	0.0252	11.44
泡桐	4	37	0.252	49.9	4565	14.56	0.0212	14.38
南方泡桐	3	22	0.253	48.6	4330	17.26	0.0239	10.96
兰考泡桐	3	71	0.261	43.4	3988	15.43	0.0300	10.40
台湾泡桐	3	49	0.262	64.9	4922	19.11	0.0248	12.89
	3	13	0.315	67.0	4565	14.56	0.0212	14.38
楸叶泡桐	3	37	0.299	60.6	4442	14.95	0.0264	13.31
光泡桐	5	52	0.301	60.1	4360	14.17	0.0254	13.51
毛泡桐	5	30	0.321	66.0	4489	14.06	0.0236	14.27
鱼鳞云杉	–	31	0.432	116.9	5166	12.41	0.0238	22.00

东北林业大学李司单等对泡桐木材的声学性能进行了深入的研究，通过对比泡桐试材与云杉对照样动态弹性模量与动态刚性模量之比E/G的差异，E/G的值可有效表达乐器用材频谱曲线的包络线特性，E/G值高，其音色更趋于丰富，乐器发声及旋律的突出性比较显著。

泡桐E/G的平均值分别为55.220和51.513，云杉对照样的E/G平均值分别为21.978和22.102，泡桐的E/G值明显高于云杉，因此泡桐在人耳的听觉心理上要比云杉更趋于自然婉转，音色赋予多变，而云杉对中低、音区的补偿更加明显。造成泡桐与云杉较大音色差异的原因在于泡桐是阔叶材中的环孔材，具有丰富的导管，导管比率增大意味着木材空腔增多而实质物质少，而导管内部又具有丰富的侵填体，这使得泡桐的内部结构相对于云杉复杂很多，此时泡桐内部的导管可以看做是多个小的共鸣腔，而音色=纯音+变换+混合方式，也就是说音色与振源特性和谐音有直接关系，泡桐结构的复杂使得其在振源特性上就已经与云杉有区别，导致泡桐谐波衰减率快，音色趋于多变柔和，频值较复杂。

通过对泡桐加工而成的琵琶、月琴、阮等民族乐器共鸣面板进行振动模态分析，认为桐木制成的琵琶、月琴、阮用面板都具有良好的发音效果。

泡桐材基本声学性质的比较试验结果如下：结果表明，泡桐木材的声学特性虽赶不上鱼鳞云杉，但是，在制作民族传统乐器上，其音色更悠扬悦耳、更委婉舒缓。

3.3.6 热学性能

木材的热学性质通常包括比热、导热系数和导温系数等。试验采用国产DRM-1型脉冲法导热系数测定仪，以3块试样为一组，两边的厚式样尺寸为12 cm×12 cm×4（厚度）cm，中间薄试样为12 cm×12 cm×1.2 cm，含水率10%～13%左右。

（1）比热：指1000 g的材料当温度升高或降低1 ℃时所吸收或放出的热量（千卡/kg·℃）。木材加热处理，如冰冻木材的融化，木材蒸煮、浸注和干燥等，在计算所需热量时则必须了解该木材的比热数值。

8种泡桐材的比热介于0.394～0.423千卡/kg·℃（下同）之间（表3-10），基本上不受密度的影响，同时也不存在方向性的差异。但含水率的影响很大，因为水的比热（1.000）比绝干材大几倍，所以木材比热随含水率的增高而增大，呈抛物线关系；温度的影响也是如此。

（2）导热系数：木材导热性以导热系数（λ）表示，为木材传导热量能力的热物理特性指标。即1小时内通过断面积1 m²，长1 m，两端断面积温度差1 ℃的材料的热量（kcal/m·℃）。材料的导热系数越小，则隔热保温的性能越好。建筑部门把导热系数小于0.20 kcal/m·h·℃（下同）的材料称保温隔热材料。8种泡桐材的横纹导热系数介于0.063～0.086之间（表3-10），略高于软木，而与矿棉和泡沫混凝土近似，为已测近40种木材中导热系数最小的树种，保温隔热性能最好。其余树种，除密度甚大的麻栎（0.206）、盘壳青冈（0.212）、红锥（0.230）、海南子京（0.226）外，导热系数均小于0.20，说明泡桐木材通常确系保温隔热的优良材料，最适宜用作居室建筑和室内装修。

西北林学院的行淑敏于1995年在陕西林业科技发表学术论文，其研究结果表明：桐木导热系数比一般木材小，用17种常见木材作对比试验，其他木材发火点（自燃）均在270 ℃以下，而泡桐高达450 ℃，表明其耐火性很强。这一特性表明桐木作为房屋建筑装饰材料，较比其他木质材料，更加有利于保温隔热、难燃、降低火灾风险。

导热系数除随木材的含水率（20 ℃时水的导热系数比空气大10倍以上）、温度（温度增高时孔隙中的空气导热系数和胞壁间的辐射热也增加）的增高而增大外，又与纹理方向有关（顺纹方向的导热系数比横纹者约大1.8倍，径、弦向相差很小，通常径向略大于弦向）。

（3）导温系数：指木材在加热或冷却时各部分温度趋于一致的能力，又称热扩散系数。导温系数（a）是反映不稳定传热条件下物体内部温度变化的热物理性质。木材的加热或冷却处理过程大都属不稳定传热，因此在计算木材冷、热处理时需要了解木材的导温系数。导温系数越大，表明木材内部各处达到同样温度的速度亦越大。

导温系数与导热系数和比热之间的关系为：

$$导温系数（\alpha）= \frac{导热系数}{比热 \times 密度} = \frac{\lambda}{C \cdot \rho} \ m^2/h$$

8种泡桐材的弦向导温系数介于0.000561～0.000631 m²/h之间（表3-10），为已测近40种木材1)中导温系数最大者，冷、热处理时降温、升温都较快，木材温度较易一致。

纹理方向对导温系数的影响略同导热系数；密度影响不明显，有随密度的增大而减小的趋势；含水率增大时导温系数降低，因为空气的导温系数（0.073 m²/h）比水（0.00051）在100倍以上。

表3-10　8种泡桐材的热学性质

树种名称	产地	热流方向	密度（g/cm³）	导热系数（kcal/m·h）	导温系数×10³（m²/h）	比热（千卡/kg·℃）	蓄热系数S_{24}（千卡/m²·h·℃）	含水率（%）	温度（℃）
白花泡桐	浙江	弦向	0.246	0.065	0.631	0.412	1.311	12.96	21.7
		径向	0.262	0.076	0.716	0.336	1.457	13.33	
		轴向	0.275	0.158	1.719		1.961	10.39	

续表

树种名称	产地	热流方向	密度（g/cm³）	导热系数（kcal/m·h）	导温系数×10³（m²/h）	比热（千卡/kg·℃）	蓄热系数 S₂₄（千卡/m²·h·℃）	含水率（%）	温度（℃）
川泡桐	四川	弦向 径向 轴向	0.259 0.258 0.281	0.063 0.069 0.195	0.607 0.677 1.786	0.397 0.389	1.300 1.349 2.351	10.27 10.13 10.10	20.6
兰考泡桐	河南	弦向 径向	0.274 0.259	0.071 0.074	0.625 0.673	0.419	1.449 1.452	12.43 12.54	22.6
南方泡桐	浙江	弦向 径向①	0.274 0.266	0.067 0.074	0.615 0.731	0.394	1.380 1.402	12.93 12.41	21.2
台湾泡桐	浙江	弦向 径向	— 0.304	— 0.078	— 0.651	0.394	— 1.558	— 11.04	— 18.7
楸叶泡桐	河南	弦向 径向	0.312 0.327	0.073 0.086	0.561 0.613	0.423	1.562 1.776	12.73 12.71	22.4
光泡桐	河南	弦向 径向	0.321 0.306	0.077 0.078	0.611 0.616	0.405	1.586 1.604	11.32 10.58	17.6
毛泡桐	河南	弦向 径向	0.341 0.335	0.080 0.081	0.570 0.598	0.409	1.702 1.696	13.03 12.66	22.4

3.3.7 电绝缘性质

介电性质（绝缘性质）是评价各种泡桐材的材质、加工处理和利用的一项重要指标。与评价其他绝缘材料一样，评价木材的介电性质，主要是根据它们的交、直流电阻率，交流电的介电常数和介质损耗等指标。木材的绝缘性通常随木材的含水率（纤维饱和点内）（表3-11、表3-12、表3-13）、密度和温度的降低而增大，横纹比顺纹大。

（1）介电常数：表示木材作为电容器两个极板间介质时与电极间为真空时的电容质之比。介电常数（ε）越小则表明木材的绝缘性越好。含水率相同时，8种泡桐材的介电常数除较轻木稍高或近似外，比其他树种均低（表3-11），表明泡桐材的绝缘性好。

（2）介质损耗：指木材在交流电场外，单位时间内，因发热而消耗的能量，通常以介质损耗角正切值（tanδ）（功率因数）来表示。值越小木材在电场中消耗的能量也越少，绝缘性则越好。从表3-12可以看出，除兰考泡桐、川泡桐和泡桐外，其他泡桐材的介质损耗都较低，比其他大多数树种更适合于作电绝缘材料。

（3）电阻率：电流通过材料的阻力以电阻率的大小来表示，即单位面积上，单位长度之间所具有电阻值，亦称体积电阻率，以Ω·cm为单位。电阻值越大，阻碍电流通过的能力越好，则绝缘性越佳。含水率降低时电阻率随之增大，在纤维饱和点以下时二者的关系明显；低于5%时则两者呈直线关系，电阻率急剧增加。此外，电阻率与交流电的频率、损耗正切值成正比关系。试验结果证明8种泡桐材的交流电阻率通常较其他树种为高（表3-13）。

表3-11　8种泡桐材与其他木材弦锯板（径向）在1MHz交流电场中不同含水率下的介电常数

介电常数　树种 ＼ 含水率（%）	10.06	10.34	10.72	11.36	11.98	11.99	12.44	15	15.61	18.05
川泡桐	—	1.93312 （1）	—	—	—	—	—	—	—	—
台湾泡桐	—	—	1.98092 （1）	—	—	—	—	—	—	—
泡桐	—	—	—	1.95155 （1）	—	—	—	—	—	—
轻木	2.01591 （1）	2.0465 （2）	2.08877 （3）	2.16194 （3）	2.23526 （2）	2.23646 （2）	2.29126 （2）	2.62957 （2）	2.71728 （2）	3.09843 （3）
南方泡桐	2.02894 （2）	2.04721 （3）	2.07228 （2）	2.11519 （2）	2.1576 （1）	2.15829 （1）	2.18962 （1）	2.37668 （1）	2.42356 （1）	2.62051 （1）
光泡桐	2.12205 （3）	—	—	—	—	—	—	—	—	—
楸叶泡桐	2.20399 （4）	2.22889 （4）	2.26312 （4）	2.32198 （4）	2.38045 （3）	2.3814 （3）	2.42478 （3）	2.68701 （3）	2.75358 （3）	3.03671 （2）
毛泡桐	2.22879 （5）	2.25779 （5）	2.29774 （5）	2.36663 （5）	2.43533 （4）	2.43646 （4）	2.48759 （4）	2.79961 （4）	2.87955 （4）	3.22283 （5）
兰考泡桐	2.32181 （6）	2.34824 （6）	2.3846 （6）	2.4471 （6）	2.50921 （5）	2.51022 （5）	2.55631 （5）	2.83504 （5）	2.90582 （5）	3.20707 （4）
糠椴	2.60701 （7）	2.64251 （7）	2.69148 （7）	2.776 （7）	2.86041 （7）	2.8618 （7）	2.9247 （7）	3.30977 （7）	3.40877 （7）	3.83527 （7）
木棉	2.62303 （8）	2.66734 （8）	2.72866 （8）	2.83516 （9）	2.94229 （8）	2.94406 （8）	3.02439 （8）	3.52492 （9）	3.65592 （11）	4.23049 （11）
拟赤杨	2.7214 （9）	2.73967 （9）	2.76466 （9）	2.80727 （8）	2.84917 （6）	2.84986 （6）	2.88067 （6）	3.06241 （6）	3.10738 （6）	3.29397 （6）
红松	2.73153 （10）	2.76833 （10）	2.81907 （10）	2.90665 （10）	2.99408 （9）	2.9955 （9）	3.06064 （9）	3.45904 （8）	3.56138 （8）	4.00193 （9）
小叶杨	2.86659 （11）	2.90197 （11）	2.95069 （11）	3.0346 （11）	3.11815 （10）	3.11952 （10）	3.18163 （10）	3.55925 （11）	3.65565 （10）	4.06809 （10）
核桃楸	2.90597 （12）	2.93867 （12）	2.98364 （12）	3.06093 （12）	3.11773 （11）	3.13898 （11）	3.19594 （11）	3.54022 （10）	3.62758 （9）	3.99913 （8）
马尾松	3.24855 （13）	3.30181 （13）	3.37549 （13）	3.50331 （13）	3.63176 （12）	3.63387 （12）	3.73009 （12）	4.328 （12）	4.48407 （12）	5.16671 （12）
苦槠	3.34236 （14）	3.39773 （14）	3.47435 （14）	3.60731 （14）	3.74097 （13）	3.74317 （13）	3.84332 （13）	4.46631 （14）	4.62908 （14）	5.34168 （14）

续表

介电常数\含水率（%）\树种	10.06	10.34	10.72	11.36	11.98	11.99	12.44	15	15.61	18.05
鸡毛松	3.40909（15）	3.46083（15）	3.5323（15）	3.65602（15）	3.78（14）	3.78203（14）	3.8747（14）	4.44674（13）	4.59507（13）	5.23954（13）
白桦	3.49331（16）	3.54825（16）	3.62419（16）	3.75579（16）	3.88783（15）	3.88999（15）	3.98878（15）	4.60045（15）	4.75953（15）	5.45279（15）
槭木	3.59656（17）	3.65578（17）	3.73771（17）	3.87989（17）	4.02276（16）	4.02511（16）	4.13216（16）	4.79763（16）	4.97141（16）	5.73179（16）
水曲柳	3.81706（18）	3.88274（18）	3.97369（18）	4.1317（18）	4.29078（17）	4.29339（17）	4.41274（17）	5.15764（17）	5.35295（17）	6.21098（17）
荷木	3.95687（19）	4.0255（19）	4.12054（19）	4.28571（19）	4.45204（18）	4.45477（18）	4.57959（18）	5.35923（18）	5.56379（18）	6.46318（18）
麻栎	4.3355（20）	4.41593（20）	4.52748（20）	4.72178（20）	4.91795（19）	4.92118（19）	5.06874（19）	5.99643（19）	6.24146（19）	7.32585（19）
海南子京	6.64197（21）	6.75517（21）	6.91189（21）	7.18413（21）	7.45806（20）	7.46256（20）	7.66803（20）	8.9493（20）	9.28494（20）	10.7582（20）

表3-12　8种泡桐材与其他木材弦锯板（径向）在1MHz交流电场中不同含水率下的损耗角正切值

损耗角正切值\含水率\树种	10.06	10.34	10.72	11.36	11.98	11.99	12.44	15	15.61	18.05
毛泡桐	0.0289481（1）	0.0292045（1）	0.0295536（1）	0.0301537（1）	0.0307447（1）	0.0307553（1）	0.0311925（1）	0.0338003（1）	0.0344516（1）	0.0371929（1）
光泡桐	0.037155（2）	—	—	—	—	—	—	—	—	—
马尾松	0.0472422（3）	0.0474450（2）	0.0477178（2）	0.0481859（2）	0.0486418（2）	0.0486474（2）	0.0489824（2）	0.0509249（2）	0.0513984（4）	0.0533372（2）
台湾泡桐	—	—	0.050329（3）	—	—	—	—	—	—	—
楸叶泡桐	0.0481449（4）	0.0490964（3）	0.050422（4）	0.0527327（4）	0.0550719（4）	0.0551087（4）	0.0568722（5）	0.0680362（6）	0.0710068（7）	0.0842345（7）
白桦	0.0496798（5）	0.0500783（4）	0.0506256（5）	0.0515597（3）	0.0524832（3）	0.0524965（3）	0.0531778（3）	0.0572137（3）	0.0582197（3）	0.0624238（3）
荷木	0.0497451（6）	0.0524276（6）	0.0563002（9）	0.0634805（10）	0.0713116（11）	0.0714431（11）	0.0777374（11）	0.125649（14）	0.140877（14）	0.222633（15）

损耗角正切值\含水率\树种	10.06	10.34	10.72	11.36	11.98	11.99	12.44	15	15.61	18.05
南方泡桐	0.0504894（5）	0.0515632（5）	0.0530567（6）	0.0556711（6）	0.0583284（7）	0.05837（7）	0.0603796（8）	0.0731863（8）	0.0766214（8）	0.0920386（8）
鸡毛松	0.0526041（8）	0.0530322（7）	0.0536179（7）	0.0546198（5）	0.0556083（5）	0.0556224（5）	0.0563508（4）	0.060682（4）	0.0617618（4）	0.0662781（4）
苦楝	0.0532635（9）	0.0540356（8）	0.0551061（8）	0.0569521（7）	0.0588031（8）	0.0588315（8）	0.0602116（7）	0.0687053（7）	0.070899（6）	0.0803952（6）
拟赤杨	0.055538（10）	0.0569876（10）	0.0590147（11）	0.0625936（9）	0.0662705（9）	0.0663315（9）	0.0691353（9）	0.0874923（9）	0.0925422（9）	0.115833（9）
海南子京	0.0556391（11）	0.0560157（9）	0.0565288（10）	0.0574037（8）	0.058264（6）	0.058276（6）	0.0589088（6）	0.0626426（5）	0.0635638（5）	0.0673985（5）
红松	0.0587922（12）	0.060213（11）	0.0621956（12）	0.0656825（11）	0.0692484（10）	0.0693075（10）	0.0720211（10）	0.0895922（10）	0.0943757（10）	0.116203（10）
白花泡桐	—	—	—	0.068956（12）	—	—	—	—	—	—
核桃楸	0.0688716（13）	0.0706106（12）	0.0730348（13）	0.0773126（13）	0.0816959（12）	0.0817711（12）	0.0851099（12）	0.106871（11）	0.112829（12）	0.140171（12）
小叶杨	0.0709905（14）	0.0726591（13）	0.074986（14）	0.0790715（14）	0.0832454（13）	0.0833144（13）	0.0864868（13）	0.106949（12）	0.112501（11）	0.137742（11）
川泡桐	—	0.077612（14）	—	—	—	—	—	—	—	—
兰考泡桐	0.0755231（15）	0.0785019（15）	0.082737（16）	0.090392（16）	0.0984827（16）	0.0986189（16）	0.104954（16）	0.149525（16）	0.162684（16）	0.227966（16）
槭木	0.0772663（16）	0.078986（16）	0.0813879（15）	0.0855914（15）	0.0898732（14）	0.0899435（14）	0.093188（14）	0.114（13）	0.11961（13）	0.144947（13）
麻栎	0.0779417（17）	0.0805193（17）	0.0841589（17）	0.0906651（17）	0.0974496（15）	0.0975596（15）	0.102805（15）	0.138473（15）	0.148657（15）	0.197459（14）
轻木	0.0955125（18）	0.0997172（18）	0.105719（18）	0.11666（8）	0.128341（17）	0.12854（17）	0.137754（17）	0.204268（18）	0.224373（18）	0.32661（18）
水曲柳	0.108194（19）	0.112049（19）	0.117497（19）	0.127277（19）	0.137532（18）	0.137702（18）	0.145673（18）	0.200588（17）	0.216481（17）	0.293655（17）
糠椴	0.11132（20）	0.115916（20）	0.122456（20）	0.13432（20）	0.146912（19）	0.147126（19）	0.157004（19）	0.227277（19）	0.248221（19）	0.353143（19）
木棉	0.149865（21）	0.156682（21）	0.166433（21）	0.184246（21）	0.203318（20）	0.203641（20）	0.218733（20）	0.328526（20）	0.36196（20）	0.533372（20）

表3-13 8种泡桐材与其他木材弦锯板（径向）在交流1MHz（一）

体积电阻率（Ω·cm）＼含水率（％）／树种	10.06	10.34	10.72	11.36	11.98
水曲柳	4.42E+06（1）	4.19E+06（1）	3.91E+06（1）	3.47E+06（1）	3.10E+06（2）
木棉	4.65E+06（2）	4.37E+06（2）	4.02E+06（2）	3.50E+06（2）	3.05E+06（1）
海南子京	5.01E+06（3）	4.89E+06（3）	4.74E+06（3）	4.49E+06（3）	4.26E+06（4）
麻栎	5.52E+06（4）	5.24E+06（4）	4.90E+06（4）	4.36E+06（3）	3.90E+06（3）
糠椴	6.45E+06（5）	6.12E+06（5）	5.70E+06（5）	5.05E+06（5）	4.49E+06（5）
苦槠	6.58E+06（6）	6.32E+06（6）	5.98E+06（6）	5.46E+06（6）	5.00E+06（6）
械木	6.76E+06（7）	6.51E+06（7）	6.19E+06（7）	5.68E+06（7）	5.23E+06（7）
核桃楸	9.00E+06（8）	8.68E+06（8）	8.26E+06（9）	7.61E+06（10）	7.02E+06（10）
鸡毛松	9.17E+06（9）	8.94E+06（10）	8.63E+06（11）	8.13E+06（11）	7.68E+06（11）
荷木	9.31E+06（10）	8.69E+06（9）	7.90E+06（8）	6.73E+06（8）	5.77E+06（8）
轻木	9.55E+06（11）	9.01E+06（11）	8.32E+06（10）	7.27E+06（9）	6.38E+06（9）
小叶杨	9.74E+06（12）	9.42E+06（12）	9.00E+06（12）	8.34E+06（12）	7.74E+06（12）
白桦	1.04E+07（13）	1.02E+07（13）	9.87E+06（14）	9.35E+06（14）	8.88E+06（15）
兰考泡桐	1.10E+07（14）	1.05E+07（14）	9.84E+06（13）	8.83E+06（13）	7.95E+06（13）
红松	1.13E+07（15）	1.09E+07（15）	1.03E+07（15）	9.51E+06（15）	8.75E+06（14）
马尾松	1.18E+07（16）	1.15E+07（16）	1.12E+07（17）	1.07E+07（17）	1.02E+07（17）
拟赤杨	1.22E+07（17）	1.17E+07（17）	1.12E+07（16）	1.03+E07（16）	9.57E+06（16）
白花泡桐	—	—	—	1.38E+07（18）	—

续表

体积电阻率 （Ω·cm）　含水率（％） 树种	10.06	10.34	10.72	11.36	11.98
楸叶泡桐	1.71E+07 （18）	1.65E+07 （18）	1.59E+07 （18）	1.48E+07 （19）	1.38E+07 （18）
南方泡桐	1.78E+07 （19）	1.72E+07 （19）	1.66E+07 （19）	1.55E+07 （20）	1.45E+07 （19）
川泡桐	—	2.37E+07 （20）	—	—-	—
台湾泡桐	—	—	1.91E+07 （20）	—	—
光泡桐	2.31E+07 （20）	—	—	—	—
毛泡桐	2.80E+07 （21）	2.75E+07 （21）	2.68E+07 （21）	2.57E+07 （21）	2.47E+07 （20）

8种泡桐材与其他木材弦锯板（径向）在交流1MHz（二）

体积电阻率 （Ω·cm）　含水率（％） 树种	11.99	12.44	15	15.61	18.05
水曲柳	3.09E+06 （2）	2.84E+06 （2）	1.77E+06 （2）	1.58E+06 （2）	1.01E+06 （2）
木棉	3.05E+06 （1）	2.76E+06 （1）	1.58E+06 （1）	1.38E+06 （1）	8.08E+05 （1）
海南子京	4.26E+06 （4）	4.10E+06 （4）	3.31E+06 （7）	3.14E+06 （8）	2.56E+06 （9）
麻栎	3.89E+06 （3）	3.59E+06 （3）	2.26E+06 （3）	2.02E+06 （3）	1.30E+06 （4）
糠椴	4.48E+06 （5）	4.11E+06 （5）	2.54E+06 （4）	2.26E+06 （4）	1.42E+06 （5）
苦槠	4.99E+06 （6）	4.68E+06 （6）	3.24E+06 （6）	2.97E+06 （6）	2.10E+06 （7）
械木	5.22E+06 （7）	4.92E+06 （7）	3.50E+06 （9）	3.22E+06 （9）	2.33E+06 （8）
核桃楸	7.01E+06 （10）	6.62E+06 （10）	4.75E+06 （10）	4.39E+06 （11）	3.21E+06 （11）

续表

体积电阻率（Ω·cm）　含水率（%）树种	11.99	12.44	15	15.61	18.05
鸡毛松	7.67E+06（13）	7.36E+06（13）	5.81E+06（13）	5.49E+06（14）	4.38E+06（14）
荷木	5.76E+06（8）	5.14E+06（8）	2.72E+06（5）	2.33E+06（5）	1.27E+06（3）
轻木	6.37E+06（9）	5.80E+06（9）	3.39E+06（8）	2.98E+06（7）	1.78E+06（6）
小叶杨	7.73E+06（12）	7.33E+06（11）	5.40E+06（12）	5.02E+06（12）	3.75E+06（12）
白桦	8.87E+06（15）	8.54E+06（15）	6.89E+06（16）	6.54E+06（16）	5.33E+06（16）
兰考泡桐	7.93E+06（13）	7.35E+06（12）	4.77E+06（11）	4.30E+06（10）	2.84E+06（10）
红松	8.74E+06（14）	8.24E+06（14）	5.86E+06（14）	5.41E+06（13）	3.91E+06（13）
马尾松	1.02E+07（17）	9.90E+06（17）	8.20E+06（17）	7.85E+06（17）	6.56E+06（17）
拟赤杨	9.56E+06（16）	9.04E+06（16）	6.58E+06（15）	6.10E+06（15）	4.50E+06
白花泡桐	—	—	—	—	—
楸叶泡桐	1.38E+07（18）	1.31E+07（18）	9.90E+06（18）	9.26E+06（18）	7.07E+06（18）
南方泡桐	1.44E+07（19）	1.38E+07（19）	1.05E+07（19）	9.79E+06（19）	7.53E+06（19）
川泡桐	—	—	—	—	—
台湾泡桐	—	—	—	—	—
光泡桐	—	—	—	—	—
毛泡桐	2.46E+07（20）	2.39E+07（20）	2.02E+07（20）	1.94E+07（20）	1.65E+07（20）

表3-14　6种泡桐材的主要物理、力学性质

树种	试材采集地	密度 (g/cm³)		干缩系数 (%)			顺纹抗压强度 (kgf/cm²)	抗弯强度 (kgf/cm²)	抗弯弹性模量 (1000 kgf/cm²)	顺纹抗剪强度 (kgf/cm²)		横纹抗压强度 (kgf/cm²) 局部抗压比例极限		全部抗压比例极限		顺纹抗拉强度 (kg/cm²)	冲击韧性 (kgf·m/cm²)	硬度 (kgf/cm²)			抗劈力 (kgf/cm)		质量系数
		基本	气干	径向	弦向	体积				径面	弦面	径向	弦向	径向	弦向			端面	径面	弦面	径面	弦面	
楸叶泡桐	河南嵩县	0.233	0.290	0.093	0.216	0.344	196	329	54	41	47	28	20	17	11	521	0.171	151	87	94	7.7	8.3	1810
兰考泡桐	河南扶沟	0.209	0.264	0.076	0.187	0.292	159	289	42	44	44	22	16	14	12	394	0.132	125	84	86	7.6	6.3	1697
	河南兰考	0.243	0.283	0.147	0.269	0.453	197	356	44	40	39	24	22	16	12	…	0.180	195	99	122	6.5	6.3	1954
川泡桐	四川沐川	0.219	0.269	0.107	0.216	0.334	160	363	52	42	35	21	24	14	18	518	0.214	171	114	121	7.6	6.1	1944
白花泡桐	四川古蔺	0.258	0.309	0.110	0.210	0.320	188	405	63	56	50	29	27	21	19	563	0.325	215	124	124	7.6	7.4	1919
毛泡桐	河南扶沟	0.236	0.315	0.105	0.203	0.327	223	406	48	51	56	35	28	20	20	605	0.348	183	117	135	10.9	9.6	1997
	安徽宿县	0.231	0.278	0.079	0.164	0.261	200	381	50	47	45	23	22	16	13	343	0.240	189	98	106	7.0	6.0	2090
光泡桐	河南扶沟	0.279	0.347	0.107	0.208	0.333	220	415	58	59	54	30	30	17	20	568	0.416	198	142	143	10.2	9.8	1830

表3-15 8种泡桐木材的磨损率

树种	磨擦面	试样数	含水率（%）	密度（g/cm³）	硬度（kgf/mm²）	重量磨损率（%）
南方泡桐	端面	11	11.55	0.259	2.63	0.774
	径面	11	11.24	0.288	0.72	0.953
	弦面	11	10.94	0.283	0.80	0.798
楸叶泡桐	端面	9	11.08	0.349	2.79	0.831
	径面	9	11.22	0.332	0.80	0.897
	弦面	8	11.08	0.326	0.80	0.865
兰考泡桐	端面	14	10.15	0.302	2.29	0.946
	径面	17	10.32	0.283	0.70	1.420
	弦面	15	10.24	0.285	0.70	1.410
川泡桐	端面	16	9.61	0.262	2.75	1.097
	径面	16	9.59	0.260	0.60	1.737
	弦面	16	9.87	0.264	0.62	1.601
白花泡桐	端面	15	11.21	0.266	2.21	0.824
	径面	15	11.01	0.273	0.59	1.050
	弦面	15	10.58	0.278	0.71	0.898
台湾泡桐	端面	17	10.90	0.275	2.26	0.937
	径面	17	10.69	0.271	0.50	1.953
	弦面	17	10.47	0.265	0.58	1.636
毛泡桐	端面	14	10.33	0.350	2.59	0.940
	径面	12	10.44	0.326	0.81	1.109
	弦面	14	10.96	0.329	0.83	1.095
光泡桐	端面	18	8.70	0.326	3.00	0.825
	径面	19	9.07	0.338	0.82	1.206
	弦面	18	8.77	0.327	0.83	1.088
平均	端面	—	—	0.299	2.57	0.897
	径面	—	—	0.296	0.69	1.291
	弦面	—	—	0.296	0.73	1.174
其他18种阔叶树材平均（38）	端面	—	—	0.711	6.22	0.159
	径面	—	—	0.705	2.29	0.374
	弦面	—	—	0.706	2.49	0.307

表3-13表明泡桐材具有较高的电阻率及较低的介电常数和介质损耗角正切值，是绝缘材料的理想指标值，因此比其他树种更适于作绝缘材料。但介电常数和介质损耗角正切值较低，能量消耗虽小，可是产生的热量也小，因而不利于泡桐材的高频干燥和高频胶合。

3.4 力学性质

3.4.1 强度

泡桐材很轻软，强度亦很低（表3–14），不适宜作为强度为主要条件的基建材。但就强重比（质量系数）而论，泡桐材的等级均有所提高，多数树种的质量系数都接近或达到中等等级（表3–14），通常都适于制作要求木材轻而强度相对大的某些用途，如航空、船舶、包装箱等方面的利用。

6种泡桐材中以在河南扶沟的兰考泡桐的强度为最低，其质量系数亦最低。强度较高的为光泡桐、毛泡桐；但质量系数以毛泡桐较高，次为兰考采的兰考泡桐及川泡桐和泡桐（表3–14）。

泡桐木材的力学强度较低。泡桐木材的利用主要是发挥其优良的物理特性，如难燃、干后难吸水、尺寸稳定性好等，而不在木材强度方面。

3.4.2 耐磨性

试样分端、径、弦三面，尺寸为5 cm×5 cm×2.5cm（厚），含水率15%左右，在Kollmann磨损试机上进行试验，每块摩擦1000次。试验前后的试样重量差，除以试样原重，即得重量磨损率（%）；并随即测定木材硬度、密度和含水率。

磨损率越大，木材的耐磨性就越小。重、硬的木材通常比轻、软的木材的耐磨性高（表3–15），但又受管孔大小和分布、早晚材宽度等构造因子的影响。端面的耐磨性总是比纵面的大（径、弦面的差别不大）（表3–15），因为前者系横向磨断木材细胞，后者为顺纹撕裂细胞。

泡桐材的种间耐磨性差异不大，都是很不耐磨的（表3–15）。

3.5 工艺性质

3.5.1 加工性质

泡桐材很轻软，干湿材锯解均很容易，但湿材加工时板面较易起毛。刨光容易，刨面光洁。生产上反映，泡桐材的锯、刨效果远比杨木为佳（后者常有胶质纤维，并且一般都有心腐）。握钉力虽不大，但钉钉容易，且不开裂，不易松落。单板旋、刨、干燥、胶粘均易，效果亦好；至于单板上的色斑问题可参考泡桐木材变色防治部分进行处理。油饰后光亮性好，利于制作家具等。泡桐木材因早晚材管孔差异，油漆涂饰后板面容易出现色差，故表面涂饰过程中，应考虑选择适宜前期工艺处理，堵塞管孔，减少色差，提高视觉装饰效果。

3.5.2 干燥性质

泡桐材容易干燥，无论是天然干燥或高温室干，通常都不会产生明显的翘裂等干燥缺陷。Romeka曾用泡桐材与美洲几种木材进行室干试验，结果泡桐材干燥既快，又未出现翘裂缺陷；并提到2.5 cm厚的泡桐木板在室内常温状态下，25天内可干至含水率10%。由于空气流通时气干快，所以他说用不着人工干燥，从而可以减少耗费。

但在干燥过程中材面上出现色斑，严重地影响了泡桐材的外贸价格和利用。关于色斑的产生、预防或消除，在本书"泡桐木材变色防治"有关章节中有详细叙述。

中篇　泡桐材性改良篇

第四章　泡桐木材变色防治

4.1 泡桐木材变色防治概述

泡桐是我国短周期定向工业用材林重要栽培树种之一，种植面积广，木材蓄积量大。泡桐木材是我国重要的工业用材，广泛用于生产室内建筑装修材料（胶合板、刨花板等）、家具、工艺品等产品，每年有上百万立方米的桐木板材出口日本、韩国等国家，为国家赚取大量外汇。泡桐木材的优点很多，如加工容易，色泽淡雅，尺寸稳定性优异等，但泡桐木材有一个重要的材质缺陷，即泡桐木材容易变色，极大地限制了泡桐木材加工业的发展。

泡桐木材变色是成熟泡桐活立木心材发生变色以及采伐后木材在干燥过程中逐渐产生色变，最后在木材表面出现深褐色或黑褐色色斑的现象。泡桐木材变色严重影响泡桐材的深加工利用，在外贸出口中每年由于变色而被迫降价，造成了很大的经济损失，对泡桐胶合板、泡桐装饰材的生产等均有影响。泡桐木材变色是目前严重影响我国泡桐木材加工利用和泡桐产业健康持续发展的一个重要问题，也一直是国内外学者十分关注的一个科学难题。

关于泡桐木材变色和防治的研究，从20世纪70年代初开始中日学者相继进行了多方面的研究，取得了一定的成果。对泡桐木材的变色类型大多数学者认为是化学变色，也一直试图从中提取化学变色物质和根据这些研究结果进行变色防治研究，但研究进展不大。目前生产上采取的各种防治方法和措施，虽有一定的效果，可仍很难从根本上防止和消除泡桐材变色，如许多厂家采用常温常压水浸泡处理或变温水处理来防止泡桐材变色，虽然这些方法有一定的效果，但处理周期长（一般水处理7～20天，换水3～5次，气干2～3个月），成本高，且处理后的板材在后续加工利用过程中会出现返色。

本研究主要从微生物的角度对泡桐木材变色进行研究，重要意义就在于，不是提取和分离一种或几种变色物质，而是从变色物质产生的途径寻找原因，用生物化学法结合使用先进的红外谱图（FTIR）及光电子能谱（ESCA）测试分析手段，揭示泡桐木材在微生物作用下，颜色变化规律及木材主要成分变化趋势，弄清生成变色物质的变化历程，阐明泡桐木材变色机理，为防止各种变色物质的形成切断渠道，堵住变色物质源头，为泡桐木材变色的防治提供重要的科学依据。并在此基础上采用物理法和物理化学法进行泡桐木材变色防治技术研究，为泡桐木材加工企业提供技术保证。

4.2 木材变色类型

木材天然美丽的纹理、优雅的色泽是使其在建筑、家具得以广泛应用的一个主要原因，许多用户喜欢使用明快、无缺陷的木材。但是，一些化学、生物物质及环境因子可导致木材变色，减少表面观赏价值，有时还影响到木材的结构、强度。导致木材变色的因素很多，变色类型也较复杂。但总体来讲，木材的变色类型可归纳为三大类。

（1）化学变色：树木采伐后，在木材的表面或木材内部发生氧化还原反应以及在生产过程中接触化学物质而导致的木材变色。

（2）微生物变色：木材初期腐朽及在木材表面或内部有真菌滋生而导致木材发生的变色。

（3）光变色：木材中某些物质选择吸收了波长大于290 nm的光，发生能级之间电子的变迁，从而形成光变色的化学键，所导致木材颜色的改变。

4.2.1 化学变色

很多木材变色是由于木材锯解后，暴露于空气中的木材组分发生化学变化而形成的。木材在加工、使用或存放过程中，木材在微生物、金属离子、化学物质等外界因素影响下的变色情况，介绍了防止及消除木材变色的方法。美国对木材的变色研究较早，一些学者长期对这些氧化变色进行了研究，但到目前为止人们仍然不能完全弄清化学变色的机理。这些变化同水果切开后发生褐色反应相似，有可能和植物细胞的受伤组织的自我保护反应有关。

（1）褐变色

这些变色主要发生在美国部分松树木材的表层或木材的深部，最容易在干燥过程中出现。深褐色变色经常出现在板材的边部，节子的边缘以及心边材的结合处。褐变既可以发生在木材的边材，也可以发生在心材部分，其特点是呈条纹状排列，于木材的生长方向一致。人们认为褐变是木材中酶反应的结果，木材中的过氧化物酶参与了系列化学反应过程。高的干燥温度可导致木材发生氧化反应，产生单宁类变色物质，酶的催化作用在湿度、氧气适宜的情况下，明显地加速了新锯解板材在干燥过程中的变色。褐变在高温高湿，板材锯解堆垛情况下，常常变得更加严重，它深入到木材内部，仅靠表面机械刨光不能去除。

美国的花旗松也出现过类似的变色，在高湿、温暖的条件下发展迅速，据称水溶性物质迁移到木材表面，发生氧化，产生一种褐色的聚合色素。这种变色通常靠近木材的表面，但在堆放的板材深处也发现了褐变的存在。褐变的特点是突发性强，使得很难收集有关材料，对其进行系统研究。

充分了解化学变色的本性，很可能有助于开阔防治种种褐变的思路。日本学者Yazaki等提出，有些化学变色有可能是新伐材中的微生物，改变了木材的pH值或者分泌了多种氧化酶，加速了变色物质的生成。

有的褐色变色是由榆烂皮病毒属的微生物引起的，它通常发生在几种硬质松木中，偶尔也会出现在北部地区的一些白松上。这些生物变色容易和化学褐变色混淆。尽管颜色和褐变色相似，但榆烂皮病毒变色一般局限在边材部分，且在木材中产生许多块黑斑。另外代表化学褐变特征的白色边缘在生物变色的木材不会出现。对榆烂皮病毒变色木材细胞，用生物显微镜检测，很容易发现大的、有隔膜的褐色菌丝，并且分离出相似的变色部分。榆烂皮病毒变色一般发生于长期储存的原木，研究表明，该种变色不影响木材的强度。

（2）阔叶树材的氧化变色

许多树木锯解或剥皮后，暴露在大气环境下，木材心材的表面很快产生深黄至红褐的变色，这样的变色在以下树木非常容易观察到，如樱桃木、桦树、赤杨、栎木、枫树和糖槭等，在干燥过程中进一步加深，尤其是干燥隔条接触部分更加明显，所以人们称之为隔条变色。目前除了用4%亚硫酸氢钠水溶液减轻隔条变色外，还没找到更好的防治措施。

（3）矿物质变色或条斑

这种变色是一种降解变色，常出现在美国东部及五大湖附近几个州的一些阔叶材，特别是枫树。这种变色形态多变，榆烂皮病毒有可能是条状变色，或是宽带式变色，在某一位置呈串型棒状连接，也有可能在其他部位干脆没有。尽管矿物质变色在活立木的边材部分才会发生，但树木砍伐后，它即可能出现在边材部分，也可能出现在心材部分。这种变色有可能是树木边材多次或连续受伤的一种自我反应，但目前还不知到其发生的确切原因，对变色范围的了解也不是很清楚。枫树木材的矿物质变色一般是凸透镜状的条状变色，颜色从橄榄绿到黑绿。当用无机酸处理时，条斑处常会出现一些CO_2小气泡，表明有碳酸盐的沉积。变色材比正常材密度大、坚硬，干燥时会出现严重的扭曲和变形；钉钉时容易开裂，特别不适于作建筑材使用。

把变色材同正常材进行对比研究，结果表明，变色材的矿物质含量高出三分之一，pH值比正常材高得多（Good et al.）。Levitin发现矿物质变色木材胞壁组织细胞充满了许多褐色、黄色沉积物，变色材中的多酚类物质的含量也很高，而且沉积在细胞壁中凝结的多酚类物质不容易用溶剂或漂白剂除掉。他还指出，单宁酸与镁、钾、钙等金属离子形成的盐构成的混合液，颜色可由褐色变为绿色。基于以上研究成果，他认为木材损伤可导致酚苷的水解反应产生多酚，多酚进一步氧化形成有色化合物。黄杨树活立木的主干下部木材，会形成类似的黄色、紫色、褐色等组成的杂色图案，通常被木材工人称之为兰片或矿物质变色。人们还认为，这种变色是活立木受伤后在边材部分产生的，所以有时和氧化变色化分同一种变色类型（Roth，1950）。

（4）铁变色

一些树木锯解后，当接触到铁时，会出现很黑的变色。在单宁酸含量很高的木材表面会形成单宁铁，如桦树、樱桃木、糖槭、栎木等，但铁变色是可以通过机械加工除掉的。铁变色在针叶材板材上的铁钉周围，很容易观察到。

4.2.2 生物变色

木材的生物变色大多数是由于真菌的侵蚀造成的。真菌是一种单细胞植物的有机体，它属于真菌植物门。真菌细胞不含叶绿素，不能向其他绿色植物那样，通过光合作用合成自己所需的养料，而只能从其他生物有机体或有机物中吸取营养，供其生长发育。真菌是借助于孢子，通过传播、感染、发芽和菌丝蔓延，导致木材腐朽损毁。

真菌的种类很多，约有8万种以上。而危害木材的真菌大约有1000多种，其中主要是霉菌、变色菌和木腐菌三类。

（1）初期腐朽变色

当木材开始腐朽时，会发生一些细微的颜色变化，木材有可能产生一块块红、褐、紫、灰、或杂白。一般来说，这些变色同典型的真菌变色还是有区别的，真菌变色会出现深暗条纹，锯材表面发生组织变化，或显现不规则颜色图案，这些变化不会和年轮巧合。

（2）霉菌变色

危害木材的霉菌是属于子囊菌纲和不完全菌纲的真菌。木材上最常见的有木霉、青霉、曲霉等。遭到曲霉侵害的木材，可见一片片的黑色或淡绿色等霉斑。显微镜下观察霉菌对木材纤维结构的危害情形，与变色菌相似。

总的来说，霉菌对潮湿的木材很重要，如密集堆垛或木材被封盖而限制了空气流通，霉菌就成为一个主要影响因素，大多数霉菌都是气载的，具有菌丝的微小真菌通常是无色的，但可以通过在木材表面释放大量孢子使木材变色。针叶树木材的霉菌变色常可通过涂刷或刨切木材表面除掉；然而，阔叶树材的变色可深入到木材内部，而且更加持久。普通的霉菌变色有：*Aspergillus* spp.（black），*Fusarium* spp.（red or violet），*Gliocladium* spp.（green），*Monilia* spp.（orange），*Penicillium* spp.（green），*Rhizopus* spp.（black），*Trichoderma* spp.（green）。一些霉菌，如 *Monilia* 和 *Aspergillus* 属，可产生过敏反应和使人致病。

木材很湿时，阔叶材产生霉菌是很普遍的，但有些真菌在木材储存很长一段时间，而且相对湿度很高时才会发展蔓延。霉菌设法进入撕裂的细胞、导管（阔叶材）、暴露的射线等的内部，它们通过细胞纹孔进行扩散。当真菌攻击纹孔膜时，它们把木材变成很容易吸收的降解物。Schulz，Lindgren and Wright 等建议用霉菌处理木材，以改善花旗松、云杉和其他难处理木材的渗透性。另外，Lindgren，Hulme and Shields 的研究表明，*Trichoderma*（绿色木霉）的繁殖可抑制褐腐菌、变色菌对储存中的松木纸浆材的侵蚀。其他可用的生物保护木材以免受腐朽菌侵害手段，正在研究探索中。

除了它们的保护和渗透的作用外，一些真菌还有解毒防腐剂的功能。它们包括 *Penicillium aurantiogriseum* 降解水银化合物、*Scopulariopsis brevicaulis* 解毒砷化合物、*Trichoderma* spp. 解毒氟化钠。这些真菌对置放在自然环境中处理过的木材所起解毒作用及其大小，目前还不太清楚，但是，理想状态下，它们可以解毒木材，或对木材产生抗性，允许某种腐朽菌在在处理过的木材上继续繁殖。

（3）变色菌致变色

危害木材的变色菌也是属于子囊菌纲与不完全菌纲的真菌。木材的变色菌的种类很多，有蓝变色菌、镰刀菌、葡萄孢菌、色串孢菌等。变色菌引起的木材变色，因菌种与树种不同，产生的颜色也不同，所变化的颜色有蓝、青、黄、绿、红、灰、黑色等。

变色菌引起的变色比较典型的是青变菌，主要是菌丝分泌的黑色素所致。蓝色变色以及它主要集中在边材部分的主导倾向，导致了给主要的数种变色定义为蓝变或边材变色。真菌变色在世界范围内都存在，当边材含量较高的树木砍伐后，在温暖、潮湿的环境下风干，就非常利于真菌迅速生长，变色问题也就比较严重。在美国东南部，具有真菌生长的理想气候，加之存在着大量边材含量高的树种，如南部黄松、枫香树和黄杨，因此，蓝变对木材构成严重威胁。

在所有这些情况中，真菌迅速繁殖，进入射线细胞，利用其内部易吸收的碳水化合物。当它们生长穿过木材后，真菌带有颜色的菌丝使木材变色。很有趣的是，菌丝经常产生深暗、黑色基调色素，但这些发黑菌丝作用的结果却使木材变成蓝色。大多数变色菌是 *Ascomycotina* 和 *Deuteromycotina* 属。

许多变色菌多集中于某一地区或一些树种。变色菌可分成两大系列。一些真菌，特别是 *Ophiostoma* 和 *Ceratocystis* 属，与树皮甲虫及木材内寄生的昆虫的生命周期密切相关。孢子是黏性的，主要通过媒介昆虫以及水溅和气悬方式传播。这些真菌侵入和破坏木材主要在原木储存和板材气干初期。另一系列变色菌，如 *A.pullulans*，*Alternaria alternata*，和 *Cladosporium* spp. 等属种，它们的干燥孢子主要通过气流传播，只要是条件适宜真菌生长繁殖，可以侵害多种木材。

和所有微生物一样，变色菌也需要自由水、适宜的温度、氧气、营养源。研究发现，真菌需要氧气，所以用水灌或喷水的方式提高木材含水率以排出木材表面氧气。真菌生长温度范围较广（4～30℃），使防止变色变得很困难，除了特寒冷和特干燥的环境外，没有其他特别措施。

真菌变色多数是由于新锯解的木材表面上孢子的萌发而产生的。这些孢子主要是气体载播，或是媒介昆虫如树皮甲虫携带。如果通风干燥用的隔条已有变色菌的繁殖，那么也容易引起新加工板材的变色。锯材机械也可起到接种源的作用，如果加工一个严重变色的原木，它就可以把真菌传播给其他木材。在理想的变色条件下，一块木板可产生许多片明显的变色区。

在合适的条件下，孢子附着在板材数小时之后就可萌发，从木材表面破裂的管胞和暴露的木射线渗透到木材内部。然后，菌丝迅速通过纹孔，在木射线中的薄壁细胞或在树胶道周围的轴向薄壁组织内繁殖。在适宜的条件下，变色菌可在24小时内生长到切线面为0.5 mm，径向1 mm，长度5 mm大小。沿木射线从外面深入到木材的运动会导致边材型变色，这一点可以从原木的横切面或制浆木片发现。真菌如此快的繁殖速度使之在新加工木材上面迅速扩张成为可能，也说明了对锯解木材尽快防止变色的重要性。很多时候，真菌繁殖5～6天后，变色就形成了，看起来好像整个木材都发生了变色，实际上这只是表面现象。几周后，木材薄壁组织的细胞壁受到严重侵蚀，菌丝偶尔在径向方向穿过管胞及纤丝壁而渗透到细胞壁。一些变色真菌，在理想的温湿度条件下，繁殖一定的时间，会起到典型软腐菌的作用，并攻击管胞壁的S2层。这一类真菌有 *Alternaria alternata*，*Phialocephala dimorphospora*，*Ceratocystis pocea* 等。

变色真菌对木材美学及物理性能产生影响。当变色材用于造纸时，真菌产生的灰暗的、黑色的色素将消耗掉更多的漂白剂，这样就增加了造纸成本。相反，对那些想买蓝色松木板材的用户，变色材具有了美学价值，实际上蓝变材是由真菌引起的。虽然大多数真菌的明显作用是使木材变色，但变色菌还能改变木材的材性。已经发现一些真菌能减少木材硬度，但并不是所有真菌都使木材强度降低。例如，*Leptographium lundbergii* 对硬度没有影响，而 *Alternaria alternata* 造成的硬度损失可达40%。当强度为关键因素时，变色材不适于做建筑材，也不适合做建筑部件，例如柱子、层积材、梯子或是桩子。适合变色发生的条件，也有益于初腐的发生，所以腐朽和木材变色经常是伴生的。除了影响木材强度外，由于变色菌侵蚀掉木材纹孔，因此还改善了木材的渗透性。这样，木材的湿润和干燥的速度都很快。对涂饰工艺来讲，变色材会吸收过量的油漆，并且使漆膜厚度不均匀，所以真菌对木材造成的各种影响显得特别重要。用以上材料做成的制品也容易快速吸收水分，加快板材的开裂进程，由此又促进了腐朽菌的进入。尽管变色材不比健康材容易腐朽，但变色材的过大的吸湿性会给真菌长期生存创造良好的条件，增加了感染腐朽菌的危险。另外，变色材有可能为那些破坏漆膜的真菌繁殖提供了理想的场所。由此可以看出，变色菌首先侵蚀木材中的淀粉等碳水化合物并产生菌丝或分泌色素使木材发生变色，虽不会明显改变木材的天然耐腐力，但变色往往是腐朽的预兆。木材变色后，接着就会发生腐朽，这是由于变色增加了木材的渗透性，雨水或湿气更容易使木材受潮，而潮湿的木材特别易于腐朽真菌的生长繁殖，所以变色的木材较易受到腐朽。

（4）木腐菌变色

木材腐朽主要是由木腐菌所引起的。木材腐朽菌根据被它所腐朽的木材的颜色、结构特征、被分解的木材成分等，大致可分为褐腐菌、白腐菌及软腐菌。褐腐菌和白腐菌属于担子菌，软腐菌则属于半知菌。褐腐菌主要分解综纤维素，几乎不分解木质素，白腐菌能分解木质素和少量的综纤维素。两种菌都是在细胞腔内繁殖，不但穿过细胞纹孔生长，而且与细胞壁接触分泌分解高聚糖及木质素（白腐菌）的酶，将细胞壁溶解贯穿而繁殖。受到木腐菌侵害的木材，材色及强度会出现不同程度的变化。

4.2.3 光变色

在引起木材光褪色、变色的诸多因素中，紫外光与可见光的照射是最主要的。置于日光下的木材，其表面会迅速地发生化学降解，而使木材表面颜色发生变化。研究表明，几乎所有树种在光照下都会发生变色，但是变色的速度和过程因树种而异。在光降解反应中，主要是木质素发生大量的降解氧化反应，导致木材颜色的明显变化。影响光变色的因素主要有温度、木材中的水分和树种。

4.3 木材变色防治技术进展

4.3.1 化学变色防治

减少褐变的方法有，干燥时使用较温和的时间表，其中干燥温度不能超过65℃。过去，发现用偶氮化钠和氟化钠浸渍板材可防止褐变色，不过，这些化合物有毒，因操作不安全限制了其广泛使用。有研究表明，用5%硫酸钠或硫代硫酸钠水溶液浸蘸新锯解的板材，对预防美国东部白松变色比较安全有效。

几种南方栎木材出现的灰变色看起来也是氧化变色，初期的野外试验研究表明，用10%的硫代硫酸钠水溶液浸渍、储存、干燥前遮盖堆积，可防止灰变色的发生。

用碳酸钠可防止铁变色，草酸可去除它。另外可选择的方法就是，锯材厂内机械和木材接触部分用非铁金属代替，亦能控制铁变色，不过，这样的代价太大，而且很难推广。

4.3.2 生物变色防治

控制生物变色可采取迅速干燥以减少木材中的水分，或用杀菌药液浸蘸或喷涂木材表面防止真菌的侵入。浸蘸成本较低，生产上容易接受。当变色严重时，药剂保护和干燥等措施要同时使用。

采用化学处理方法防止生物变色始于20世纪初，当时美国是向木材中注入硼化物水溶液，这些化学药剂的特点是易流失，保护期限短。20世纪30年代，美国西南地区的松木由于真菌变色损失惨重，美国农业部大面积推行化学防治计划，结果导致了试用氯酚化合物和有机银混合药液的使用。通常把木材放进装满这些药液放在处理罐中进行浸渍，或直接喷涂。后来，出于对工人健康和环境保护的影响，逐步发展为在密闭的厂房喷注药剂，减少化学药剂对外界释放。20世纪60年代后期，由于人们担心使用水银化合物会造成环境危害，最终淘汰了这一化合物，许多企业依靠五氯酚、四氯酚或和硼化物混合使用防止变色。近年来，由于一些五氯酚产生二氧杂环己烷，北美国家已经停止了对这一化合物的使用，开发并使用了新型替代品，而一些发展国家仍沿用过去的老产品。

限制使用五氯酚导致了对可替代化学品的广泛评估和确认。一些化合物如奎啉铜、三唑、甲硫基苯并噻唑、亚甲基双硫氰酸，以及几种季铵盐化合物等都显示了良好的前景。另外，还有许多化学物质用来防治那些顽固型真菌。总体来讲，所有可替代的化合物都比较昂贵，还没有哪种化学物质和五氯酚具有相同的杀菌效力。有趣的是，人们对开发可替代的防变色剂表现出了异同寻常的努力，而忽略对变色真菌的根本性质的研究。

除了化学法防治外，人们还探索了用生物法，即用竞争力强的微生物防治变色菌。研究表明，一些微生物在试管可抑制变色真菌的生长，有可能对防止储存在温暖、潮湿条件下的木材产生的变色特别有用。另外，如能弄清变色物质形成的机理，研究出一套阻止变色过程发展的行之有效的办法还是有希望的，这样，尽管真菌还在侵袭木材，但不产生变色物质。

4.3.3 光变色防治

关于木材光变色的防治，李坚等论述了光变色机理及防止光变色的办法；陆文达建议用硼氢化钠、卡巴肼及一些还原性化学药剂防止光变色；刘元等介绍讨论了木素及木素以外成分的光变色机理，提出了物理和化学处理方法，主要有：改变参与光变色的化学结构，遮隔紫外线和氧，单重态氧的消光，官能团因子的捕捉。

4.4 泡桐木材变色研究进展

4.4.1 泡桐木材变色机理研究进展

关于泡桐的变色机理，国内外大多数学者认为，泡桐材变色是由木材内的可溶性抽提物引起的，但究竟是何物质尚没有定论。成俊卿等认为可能是木材中的内含物如多酚类物质。河南农学院园林系木材利用组的报告中则认为是泡桐木材内部分可溶性物质，如单宁。牧野耕三等起初认为糖和变色有某种联系，但在后来的一份报告中说，使泡桐材变为红色的主要成分，是溶于水和甲醇的酚类物质。奥山庆彦认为是有机酸在起作用。峰村伸斋和梅原胜雄认为泡桐材的变色情况与木素模型化合物的光致变色近似。太田路一等认为泡桐材变色成分为甲醇和乙醇抽提物咖啡酸糖酯类物质，并分离出四种物质，其结构属吡喃糖苷。祖勃荪等得出兰考泡桐木材发生棕红色变色的成分是水溶性的无色花色甙和原花色甙，主要存在于含水乙醇抽提液的水溶部分。

4.4.2 防止泡桐木材变色方法的研究现状

目前生产上使用的和在试验室研究的防治与防止方法，主要有两大类：一类是用溶剂浸泡，即用水等作为溶剂，把木材中的变色成分溶解出来；另一类是化学处理法，即用氧化剂或还原剂处理木材，使木材中的变色成分发生分解或使变色成分的生色基团改变结构，还可用酸性、碱性药剂处理木材，利用变色成分对酸、碱的敏感性，使其化学结构发生变化，试图达到防止变色的目的。

1）溶剂浸泡法

根据温度、压力的变化及溶剂流动与否等，又可分为常温法、变温法、常压法、减压法、加压法、水池静止浸泡法和流水浸泡法、自然溶出法和人为溶出法等多种。

（1）常温常压浸泡法：国内泡桐板材加工厂目前都用这种方法。一般做法是把生材或一段时间干燥的原木锯解成厚度为20～25 mm，长度和宽度不限的板材，密垛堆放在水泥池内，上压重物，然后灌水将其淹没，在常温下浸泡10～15天，中间换水2～3次。由于水温取决于气候的冷暖，浸泡周期和浸泡效果的变化较大。夏季水温高，浸泡周期可适当缩短，效果也较好；冬季水温低，即使加长浸泡时间，效果也不理想。这种方法的优点是简单、省能，不需要加温设备，缺点是受气候的限制，没有人为地改变浸泡条件，靠经验决定浸泡时间，无法对浸泡效果进行定量控制，质量变化幅度较大。

（2）常压变温法：即用不同温度的水浸泡不同种的泡桐材，时间根据浸泡效果确定，有的一周左右，有的时间稍短，热水浸泡效果比冷水浸泡效果好。

从试验效果看，变温浸泡的效果肯定比常温浸泡好。问题是采用这种方法必须增加加热和保温设施，消耗大量热能，生产的成本势必提高。

（3）减压法：即在可封闭的容器中先给泡桐材喷水，使其湿润，然后抽真空，利用负压将木材中的水分及溶解在水中的变色成分抽出来。如此多次重复，从而达到防止泡桐木材变色的目的。牧野耕三等在1980年首先将这种方法用于泡桐材，并设计了一套专用设备，据报告取得了较好的处理效果。另外，国内也有人在从事这一方面的研究工作。

该方法的优点是处理周期短，效果较好，可以人为地控制，不受气候条件的限制。缺点是对设备有较高的要求，运行的过程中需要消耗一定的电能。在生产中做到大规模使用，有一定困难。

（4）加压法：更确切地说，应称作浸泡挤压法。这是奥山庆彦发明的方法，先是让泡桐板材经过吸液池，吸足水分或处理液，再通过若干对挤压辊，两面加压，将吸进去的液体挤出来。如此反复操作，直到将大部分变色除去。但现在是否已经在生产中应用，效果如何，目前尚未见报道。

该方法的优缺点和减压法类似，由于设备要求较高，设备投资要大一些。

（5）流水浸泡法：是指将泡桐板材放在流动的水中浸泡，实质上和水池静止浸泡法一样，只是由于流水的不断稀释作用，变色成分一溶解出来，就被水流带走，不像后者那样，当变色成分在池中的浓度达到一定值后才换水，浸泡效果较后者好。这种方法用水量很大，只有在水源充足的山间小溪中实施，而且仅限于浸泡少量木材。若大量浸泡，很可能使水中浸提物的浓度过高，造成污染等问题。

（6）自然溶出法：所谓自然溶出法是相对于上述几种人为溶出法而言。这种方法由来已久，是工业化处理泡桐材之前的传统方法，即把原木或板材露天堆放，任凭风吹雨淋，使木材中的树液随水分移到表面，一般要经过2～3年时间。牧野耕三等人认为，这种方法不仅可使木材性质变得稳定，而且从防止加工后变色的角度来看，也是可取的。该方法的最大缺点是费时太长，不能适应大规模工业生产的需要。

以上几种方法都是试图通过浸泡，使泡桐木材内的变色物质溶出，以防止木材变色。这些办法对防止泡桐材表面变色有一定效果，但对木材深部效果甚微，其原因是木材内导致变色的成分很多，不可能把所有的变色物质溶出，因此，以上办法不能改变泡桐木材变色进程的发展。

2）化学处理法

用化学方法防止泡桐材变色的研究工作，国内外都在进行探索，主要有以下几种方法。

（1）氧化法：用10%的过氧化氢，0.1 N的次氯酸钠等强氧化剂处理泡桐材，使变色成分分解，对防止泡桐材变色，有很好的效果。但这些强氧化剂在氧化变色成分的同时，也氧化木材的主要构造成分，尤其是使木素发生氧化降解，这在一定程度上破坏了木材的整体性，使强度大大降低，同时，也使木材变色成分以外的色素一起氧化分解，使处理后的木材，变得很白，原有的纹理层次消失，缺乏天然木材特有的色泽。因此，用强氧化剂处理来防止变色，一般说并不可取。它仅适用于表面很浅一层的漂白加工，也就是在油漆前改变木材颜色不均。

（2）还原法：用1.5%的草酸，1.1N的硫代硫酸钠等还原剂溶液浸泡泡桐材。这些还原剂对消除已发生变色的木材上的色斑，有一定作用，但不能防止未变色的木材发生变色，因为还原剂的作用在于把有色的生色基团（氧化后的产物）还原成无色的基团，在生色基团形成之前加还原剂，显然是不适当的。而且，当变色发生后，这些还原剂的还原能力是否能将变色后的物质还原成无色成分，还是个问题。即使所用药剂的还原性足够强，能将已变色的物质还原成无色成分，在日后与空气作用下，这些成分仍会再次被氧化，使木材发生所谓"返色"现象。从这个意义上说，用还原剂处理已变色的泡桐材，是否合适，尚有待研究。

（3）其他可和变色成分起作用的改性剂：用5%的氨基脲和10%～30%的尿素，2%的硼砂和2%的硼酸水溶液涂布或浸泡泡桐板材，对防止发生红色变色有不同程度的作用。牧野等人为，用10%的尿素水溶液浸泡48小时，能有效地防止变色，用5%的氨基脲处理，虽有效，但处理后的木材，在放置的过程中会变黄。用2%的硼砂和硼酸处理，效果不如前两种药剂显著。氨基脲的作用是对波长250 nm以上的光有屏蔽作用，减少光致变色的可能性，同时能和带共轭羰基的化合物反应，对羰基有改性作用，此外，还能对因热作用而发生的变色起一定的抑制作用。尿素则对参与变色的酶起抑制作用。硼的化合物可以和某些多酚类物质形成络合物，改变其性质。佐藤惺等还用甲醛水溶液进行了处理试验，效果不明显。祖勃荪用聚乙二醇水溶液浸泡试材，发现在处理2～3个月，材色浅，光泽好，但经过3个月以后，板面开始发黄，和氨基脲处理过的有某些相似之处。

（4）用酸、碱等溶液浸泡：国内外泡桐木材变色防治学者大多都做过用氢氧化钠溶液进行浸泡的试验，后者还用0.1N盐酸，1N的醋酸进行试验，均认为碱处理有一定效果。虽然到目前为止，在用化学处理防止泡桐材变色方面做了种种尝试，但还没有一种方法已用于工业生产。

3）泡桐木材变色机理研究思路

以往泡桐木材变色防治研究，基本上是设法弄清种种变色物质，然后再用溶剂抽提这些物质，或用氧化剂、还原剂等改变发色基团，以达到防治变色的目的。这些方法短期虽有一定效果，但由于没有从根本上铲除变色源，一段时间后，处理过的木材又会出现变色，俗称"返色"，所以不能满足生产要求。要永久解决泡桐变色问题，还需找到诱发变色的根本原因，对泡桐木材变色类型及相应变色机理作深入研究。

我们在泡桐材变色防治研究中，观察到变色泡桐木材表面有真菌存在，并且在新伐泡桐木材和已变色的产品泡桐板材中，分离出泡桐变色真菌，初步发现泡桐变色具有真菌致木材变色的特征。但是真菌是如何使泡桐木材变色的一系列问题，即：①真菌是否是泡桐材变色发生的最根本原因；②哪些真菌可引起泡桐木材变色；③真菌是如何使泡桐木材变色的，还需进一步深入研究。这些问题的解决对弄清泡桐木材变色机理、早日揭开泡桐材变色奥秘、为防治泡桐变色提供正确的理论指导具有重大意义。

基于此，我们开展了下列泡桐木材变色机理与防治技术的研究：

①泡桐木材变色类型的确定：根据美国国家林产品试验室研究程序，防治木材变色首先必须弄清其变色类型。鉴别变色类型是化学变色还是生物变色的方法采用美国学者Wilcox于1964年

发明的方法，该方法在美国进行木材变色研究中已广泛使用。进行泡桐木材的光变色类型鉴定，采用木材光变色试验方法确定。

②变色真菌分离与确定：采用美国ASTM D2017-81标准《木材耐腐强化试验的标准方法》，从泡桐木材中分离真菌，经过多次转接培养使之纯化，而后把单一菌种分别接种到未变色的泡桐木材上进行培养，对可导致泡桐木材变色的菌种进行鉴定。

③变色泡桐的材色变化规律：用变色真菌进行腐朽试验（Soil block test），用TC-PIIG全自动测色色差仪研究泡桐木材在真菌作用下的颜色变化规律。

④变色泡桐木材化学组分含量测定与结构确定：按国家造纸原料化学成分测定的标准方法，结合使用FTIR波谱及光电子能谱（ESCA）研究泡桐木材在变色真菌作用下其成分含量及结构的变化。本项目的重要意义就在于，不是提取和分离一种或几种变色物质，而是从变色物质产生的途径寻找原因，揭示泡桐木材在微生物作用下，发生降解生成变色物质的变化历程，阐明泡桐木材变色机理，为防止各种变色物质的形成切断渠道，堵住变色物质源头，从而达到防治泡桐木材变色的目的。

泡桐木材变色防治技术研究：根据泡桐木材变色机理，探索用物理化学法进行变色防治研究，跟以往研究不同点在于，使用化学试剂的目的不是为了氧化或还原木材的发色基团，而是为了控制真菌的生长及其酶的活性。

4.5 泡桐木材变色类型研究

4.5.1 变色类型实验

① 试验方法

选取已发生变色的兰考泡桐（*Paulownia elongate*）木材制作试样，试样规格为10 cm×10 cm×5 cm（L×R×T），共60块。

根据美国学者Wilcox（1964）的区分木材微生物与非微生物变色类型的试验方法，用饱和乙二酸水溶液和过氧化氢对泡桐材进行涂刷脱色处理，每种处理试样均为30个。测量脱色前后的木材色度学值。

饱和乙二酸水溶液为饱和溶液，过氧化氢的浓度为15%。

② 结果与讨论

用饱和乙二酸水溶液和过氧化氢水溶液对变色木材进行处理，可以明确地区分木材微生物与非微生物变色类型。如用饱和乙二酸水溶液对变色木材进行涂刷脱色处理后，木材色斑能够消除，则木材变色类型为非微生物变色；而用过氧化氢对变色木材进行涂刷脱色处理后，能够消除色斑，则变色类型为微生物变色。

对泡桐变色木材进行饱和乙二酸水溶液和过氧化氢水溶液脱色处理，处理前后的木材色度学值如表4-1所示。结果表明，用饱和乙二酸水溶液处理前后，木材色差 ΔE^* 为0.32，说明处理前后木材材色变化很不明显，表明泡桐材面上的色斑没有除去；而用过氧化氢进行涂刷脱色处理，脱色前后木材色差 ΔE^* 为11.51，变化很明显，表明经处理后木材表面的红色色斑得到了很好的消除，可把泡桐色斑脱掉。根据Wilcox的方法，可以认为泡桐材变色属于微生物变色，而不是化学变色或光变色。

表4-1 泡桐木材变色种类的判别

化学处理方法	脱色	L*	a*	b*	△E*
饱和乙二酸水溶液	脱色前	56.48	6.74	16.5	36.29
	脱色后	56.40	6.69	16.8	35.97
过氧化氢水溶液	脱色前	57.09	6.49	17.2	35.63
	脱色后	69.42	1.12	15.6	24.12

4.5.2 泡桐木材光变色试验

① 试验方法

（1）表面变色观测方法

选取已发生变色的兰考泡桐木材制作试样，试样规格为10 cm×10 cm×5 cm（L×R×T），共60块。分成两组，各30块，一组用透明塑料薄膜封闭，光线可自由透入；另一组用黑纸及黑色塑料薄膜封闭，保证光线不能透入。作室外风蚀试验，并分阶段测试颜色变化。

（2）泡桐木材不同深度变色测试方法

将刚采伐回来的试材立即锯解，然后制成10 cm×10 cm×5 cm（L×R×T）的试样，共10块。将试样置于试验台上，使其自然变色。12个月后，进行不同深度表面的材色测定。测试时，不同深度表面先用手工刨切，用游标卡尺量测深度，然后测色。测色方法以及计算统计方法与脱色前后木材材色测定相同。

② 结果与讨论

泡桐木材在室外风蚀条件下，亮度下降，变红度、变黄度升高，色差增大。受光照的木材和不受光照的木材同时具有劣化倾向，但有光和无光的差异不明显，说明光对泡桐木材变色所起作用有限，从试验结果显示，泡桐变色不属光变色类型（见图4-1至图4-4）。

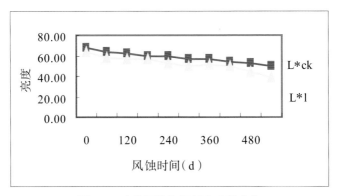

图4-1 室外风蚀泡桐材亮度的变化

注：L*ck 为无光照条件下泡桐材亮度变化；

L*l 为有光照条件下泡桐材亮度变化。

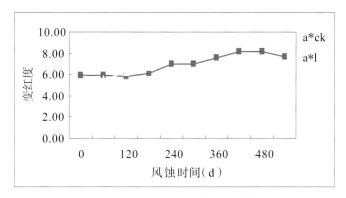

图4-2 室外风蚀泡桐材变红度的变化

注:a*ck 为无光照条件下泡桐材变红度变化;

　　a*l 为有光照条件下泡桐材变红度变化。

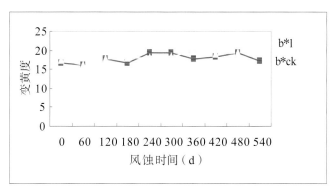

图4-3 室外风蚀泡桐材变黄度的变化

注:b*ck 为无光照条件下泡桐材变黄度变化;

　　b*l 为有光照条件下泡桐材变黄度变化。

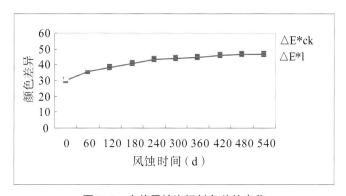

图4-4 室外风蚀泡桐材色差的变化

注:△E*ck 为无光照条件下泡桐材色差变化;

　　△E*l 为有光照条件下泡桐材色差变化。

表4-2　泡桐木材不同深度（mm）变色表面的色度学值

深度	0	1	3	5	7	9	12	15	20
L*	76.9	56.1	59.2	60.3	58.8	61.5	64.1	62.2	60.4
a*	10.9	5.6	5.7	5.4	5.6	6.4	5.5	5.3	5.2
b*	19.2	16.8	16.7	16.7	16.3	16.6	16.3	15.9	16.6
△E*	26.56	34.12	30.21	29.18	31.54	29.67	27.89	28.58	29.98

为进一步确定泡桐材的变色类型，对泡桐材不同深度变色表面的材色进行了测定，结果如表4-2所示。结果发现由表及里色度学指标变化规律性不明显，表明变色不仅仅发生在木材表面，而是深入到了木材内部。有研究表明，木材化学变色一般只存在于木材表层部分，而微生物真菌引起的变色，不但存在于木材表面，而且可以深入木材内部，即由表及里都有色变出现。因此从泡桐木材不同深度变色色度学测定结果来看，泡桐材变色属于微生物诱导变色。也就是说泡桐木材存在光变色、化学变色及微生物诱导型变色多重形式共存。

4.6 泡桐木材变色机理研究

4.6.1 研究方法

变色真菌的分离：取在冰箱中冷冻保存的兰考泡桐木材试样（3 cm×2 cm×1 cm）1块，进行泡桐材变色真菌的分离与培养。

试验采用美国ASTM D2017-81标准《木材耐腐强化试验的标准方法》进行。具体操作是：在无菌工作台上，用一把消过毒的镊子，剥掉泡桐试材表层，取数片内层细小的泡桐木梗，放在2%麦芽糖—琼脂的培养皿中。把这些培养皿放在培养室进行培养，培养室的温度为26.7±℃，相对湿度为70±4%时间为5天。把从泡桐分离出的真菌，继续进行分离培养5天，重复六次。

泡桐木材变色真菌的模拟接种：把经过纯化的真菌接种到已消过毒的泡桐木材小试件上，放在培养室中进行培养，条件与前述分离与培养试验的相同。进行五次重复试验，并与未接种试样（对照试样）进行比较，观察其发生变色的情况。

泡桐木材变色真菌种类的鉴定：将从兰考泡桐木材变色试验中分离出来的真菌进行菌种鉴定。这项工作委托中国科学院微生物研究所进行。

4.6.2 结果与讨论

导致泡桐木材变色的真菌，经中国科学院微生物研究所鉴定是链格孢菌（*Alternaria lternate*（Fr.）Keissl）和一种根霉菌（*Rhizopus* sp.）。交链孢霉属（*Alternaria*）链格孢菌的菌丝暗色至黑色，分生孢子梗和分生孢子也都具有类似颜色，常为暗橄榄色。分生孢子梗短，有隔膜，单生或丛生，大多数不分枝，顶端着生孢子。分生孢子纺锤形或倒棒状，多细胞，有横的和竖的隔膜，呈砖壁状。分生孢子常数个成链。这属菌是土壤、空气、工业材料上常见的腐生菌，它们也是某些栽培植物的寄生菌。根霉属（*Rhizopus* sp.）俗称面包霉，与毛霉属很类似，常在馒头、甘薯等腐败的食物上出现。它们在自然界的分布也很广泛，土壤、空气中都有很多根霉孢子。根霉是一种引起谷物、果疏等霉腐的霉菌。根霉属菌丝体呈棉絮状，菌丝顶端着生黑色孢子囊。根霉的气生性强，大部分菌丝为匍匐于营养基质表面的气生菌丝，称为蔓延。蔓丝生节，从节向下分枝，形成假根状的基内菌丝，假根深入营养基质中吸收养料。

4.7 染菌泡桐材多酚氧化酶活性测定

4.7.1 材料与方法

多酚酶溶液的准备：对于泡桐木材中的多酚氧化酶及其活性测定、酶溶液的准备根据以下步骤：一份试样取自染菌材，对照样取自无菌材，把要进行分析的木材试样，尺寸为$1\,cm \times 2\,cm \times 1\,cm$，用不锈钢刀片切碎，用液氮冷却的不锈钢棒将其压成粉状，然后放入瓶中液氮冷却，之后，把木粉放入装有冷却的$4\,ml$的$0.1\,M$的$pH = 7.0$的磷酸缓冲溶液及二分之一木粉重的硅沙混合物的器皿中摇动3分钟，然后再用经液氮冷却的研钵和捣锤进行研磨2分钟，然后再加入$4\,ml$的缓冲溶液，把它过滤到锥形瓶中，冲洗，用缓冲溶液调整至所需刻度，离心处理7分钟，上层溶液可用于分析。

酶的活性检测分析是用Shimadzu UV-300分光光度计测定，温度$25 \pm 0.5\,℃$。用H_2O_2溶液及$pH = 7.0$的磷酸缓冲溶液测定其在$436\,nm$处的反应活性。

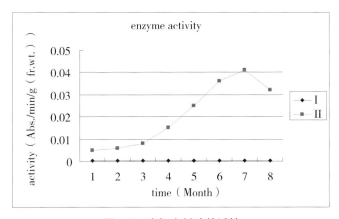

图4-5　泡桐木材酶的活性

4.7.2 结果与讨论

从图2-5可以看出，无菌材Ⅰ曲线几乎都接近与零，酶的活性非常低，曲线Ⅱ的值是曲线Ⅰ的10多倍甚至几十倍大，即染菌材酶的活性明显比没有染菌材高得多，酶的活性与木材变色菌有着非常密切的关系，说明变色菌促使酶的活性增强，而酶的活性正是木材发生氧化还原反应的促进剂，进而加快了木材氧化变色。从曲线中可以看出，染菌材的酶的活性在一定时间内随着时间的延长而增大，并且在木材砍伐后的5~8个月达到定点，与变色菌的生存及泡桐木材变色有着协同作用。

4.8 变色泡桐木材颜色变化规律

4.8.1 研究方法

① 仪器

调温调湿室（箱）：保持温度和湿度误差分别为±1.1 ℃和±4%，最好和培养室的温湿度保持一致。

培养室（箱）：温度自动控制在26±1.1 ℃，湿度保持在70±4%。

天平：采用可直接读数，精度达到0.0001 g。

托盘：托盘为丝网状，允许在初期干燥过程中每一块木块周围的空气可自由流动，而且方便操作。

培养瓶：圆形或方形，至少要有225 ml的容积，口径至少32 mm，最好用铝金属螺旋盖。

其他常规设备及生物试验常用玻璃仪器：如干燥箱、灭菌锅、冰箱、营养基、接种针、接种夹、培养皿及试管等。

② 材料

试验真菌：使用从泡桐木材分离出的变色菌。

培养基：麦芽糖琼脂：麦芽糖及琼脂各占2%，配好后在121 ℃温度下，灭菌15分钟。

取样试样：取自兰考泡桐（*Paulownia elongata*）木材的心材部分，高度位于树木胸径以上附近，所取试样具有代表性，而且无缺陷。所用试件尺寸为29×29×9 mm，9 mm为木材的生长方向。所有的木块应当是正常生长率，密度，无结疤，无树胶或树脂，没有明显的真菌感染痕迹，所用试件应防水笔标号。

辅助试件：用于培养真菌所用饵料树种为桦木，新伐且无腐朽，尺寸为3×29×35 mm，木块最长尺寸同树木纤维方向一致。

③ 土壤培养基的准备

粘砂土用WHC 20%～40% pH值5.0～8.0打破土块，混合，过筛，储存在带盖的罐内，土块不能湿粘结块以致影响过筛. 用直径50 mm，深25 mm的布式漏斗，放入快速过滤吸纸，装土，在木桌上振3下（高度10 mm），用刮尺刮平顶面。把装好的漏斗放入400毫升的烧杯中，四面用木块固定，往烧杯中加水，稍稍超过吸纸，靠毛细浸湿，排除空气，当上面湿润时，加水接近漏斗顶部.盖住烧杯，使土壤吸水12小时。用湿布盖住漏斗，上面再放一个倒置的杯子，以防止水分蒸发，用真空泵抽吸15分钟，抽后刮出到器皿，称湿重W1，干燥24小时，105±2 ℃，称干重W2。

计算吸水力A（%）=（（W1-W2）/W2）×100

土壤培养基：225毫升的瓶装土120毫升，其干重不低于90 g，称湿重W3，烘干105±2 ℃，12小时，称干重W4，计算土壤含水率B（%），计算加水量：

加水（g）=（1.3A-B）{D/（100-1.3A）}

D为土壤克数。

备好培养瓶，加水，用长管漏斗装土，弄平，在其上放置一块不耐腐的阔叶树边材饵料，灭菌锅内121℃，30 m灭菌。注意保持瓶内土壤以上清洁。

④ 变色泡桐木材变色试验

把装有土壤木块饵料的培养瓶灭菌，冷却，从培养皿中切一小块（培养10 mm²）带有真菌的培养基，放进土壤培养瓶中，使之和饵料的端部接触，盖好盖子，即不能过紧也不能过松，把接种好的瓶子放在温度为26±1.1℃，湿度为70±4%培养3～5周，直到菌丝完全覆盖饵料，然后准备进行泡桐腐朽暴露试验。

把用作腐朽试验的泡桐小试件灭菌、冷却，然后分别在每个培养瓶中放一块，横切面正放在饵料的上面，所有操作都应在无菌条件下进行，以防霉菌感染。盖好瓶盖，然后放在黑暗的培养室中进行培养。

⑤ 变色泡桐木材颜色测定

腐朽的不同阶段，分别对一些（数量不少于20块）泡桐试件测色，所用仪器为TC—PIIG全自动测色色差仪，用国际照明委员会的CIE L* a* b*（1976）表色系统表色，有关色度学指标的计算亦按照其表色系统公式计算。

4.8.2 结果与讨论

变色初期，木材表面有霉菌滋生，木材变红、变褐，随着时间的延长，木材内部的颜色越来越深，到后期木材变黑，发生龟裂。无菌条件下存放的泡桐，木材一直保持本色，没有发生变黑变褐现象。由图4-6可以看出未经处理的染菌泡桐木材色差△E*变化非常明显，随着时间的推移，数值呈上升趋势，木材表现为木材白度下降，木材前期由乳白色变红，后期逐渐变黑、变暗；而经过处理的无菌材，色差基本保持不变，木材也保持其原有本色。图4-7亮度L*指标显示，染菌材亮度逐渐下降，由原来的70多下降到50左右，并随时间的迁移，木材明度仍会继续降低；无菌泡桐木材明度基本保持稳定。从图4-8，图4-9可见，有菌泡桐木材的变红度a*、变黄度b*呈波浪式发展，但总的来说，木材颜色是朝着变暗、变深的方向进行；无菌泡桐材的变红度a*、变黄度b*指标基本保持稳定。

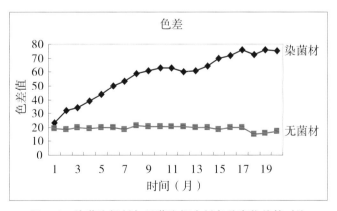

图4-6　染菌泡桐材与无菌泡桐木材色差变化趋势对比

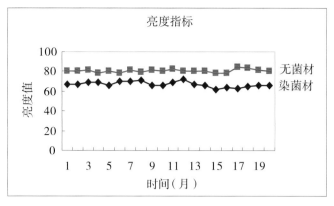

图4-7　染菌泡桐材与无菌泡桐木材亮度指标变化趋势对比

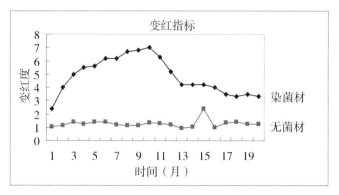

图4-8　染菌泡桐材与无菌泡桐木材变红指标变化趋势对比

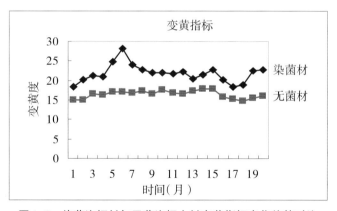

图4-9　染菌泡桐材与无菌泡桐木材变黄指标变化趋势对比

　　链格孢菌（*Alternaria lternate*（Fr.）Keissl）和一种根霉菌（*Rhizopus* sp.）在适宜的条件下，生长很快，其菌丝迅速深入到木材内部，把木材的主要成分如纤维素，半纤维素，木素等不同程度的降解，并伴有变色现象。木材真菌引起的变色是一个复杂的过程，主要是真菌及其分泌物中的酶和木材的化学成分共同作用的结果，具体地讲，是在适合的条件下，变色真菌在木材内生长发育，并分泌各种酶，这些酶促使真菌在木材上赖以生存的基质如单糖、酚类等物质被分解成各种产物，产生变色的前趋物质，使木材表面和内部发生褐色、红色和黑色变色，还可使木材明度降低，材色变暗。

4.9 真菌作用下泡桐木材成分含量变化

4.9.1 研究方法

含水率、苯乙醇、热水、冷水、1%NaOH抽提物、灰分、木质素、综纤维素、综纤维素中α-纤维素、戊聚糖参照有关国家标准方法测定；热水抽提物中还原糖按有关标准方法测定；pH值按国家标准方法测定。

4.9.2 结果与讨论

表4-3 真菌作用的变色泡桐木材化学成分

分析项目	正常材（%）	变色材（%）	变化趋势	变化幅度
含水率	8.98	12.69	↑	大
苯乙醇抽提物	2.34	4.28	↑	大
热水抽提物	5.01	5.87	↑	小
冷水抽提物	2.10	3.47	↑	小
1%NaOH抽提物	18.19	20.48	↑	小
热水抽提物中还原糖	1.81	1.74	↓	小
灰分	0.40	0.41	↑	小
木质素	21.33	21.30	↑	小
综纤维素	77.60	76.10	↓	小
综纤维素中α-纤维素	76.20	77.02	↑	小
戊聚糖	26.13	22.75	↓	大
pH值	4.64	4.50	↓	小

从表4-3可以看出：泡桐木材正常材的含水率低于变色材的含水率。

泡桐正常材的苯-乙醇抽提物含量低于变色材的苯-乙醇抽提物含量。表明经变色菌作用，木材中脂肪酸、脂肪烃、萜类化合物、芳香族化合物含量增加，可能是由于部分糖类化合物在木材变色过程中发生降解作用，有机物含量随之增加。

泡桐木材正常材的热水、冷水抽提物含量低于变色材的热水、冷水抽提物含量。能溶于热水、冷水中的主要木材成分有单糖、低聚糖、部分淀粉、果胶、糖醇类、可溶性无机盐和部分黄酮和醌类化合物等。木材变色中热水、冷水抽提物含量可能主要是单糖、低聚糖以及糖醇类化合物含量增加引起的。

泡桐木材正常材的1%NaOH抽提物含量低于变色材的1%NaOH抽提物含量。在稀碱溶液中除了可溶出能被热水、冷水抽提的化合物之外，还有部分聚合度较低，支链较多的耐碱性较弱的半纤维素可被降解溶出，所以，变色泡桐木材的1%NaOH抽提物含量提高，表明在木材变色过程中，在真菌作用下，有少部分半纤维素降解反应发生。

泡桐木材正常材的木质素含量为21.33%，基本等于变色材的木质素含量21.30%，而泡桐木材正常材的综纤维素含量为77.60%，大大高于变色材的综纤维素含量76.10%。这些试验数据表明，在真菌引起的木材变色过程中，真菌对木质素这一木材的主要化学组分，无分解或降解作用，而对综纤维素中的化学成分也不存在着分解或降解作用，因此其含量下降不明显。木质素含量的增加可能是由于综纤维素含量减少，而使得木质素含量的相对比例增加。

为了分析泡桐木材中综纤维素含量变化产生的原因，即真菌主要作用何种聚糖，我们对变色前后泡桐木材的综纤维素中的α-纤维素作了进一步分析测定。如表4-4所示，泡桐木材正常材的综纤维素中α-纤维素含量为76.20%，变色材的综纤维素中α-纤维素含量为77.02%，在变色前后泡桐木材的综纤维素中α-纤维素含量变化不明显，即木材中纤维素和抗碱的半纤维素的含量变化很小。说明具有结晶结构的纤维素以及聚合度较高、支链较少的半纤维素在真菌引起的木材变色过程中，不易发生分解或降解反应。

分析在真菌引起的泡桐木材变色过程中，木材的主要化学成分纤维素、半纤维素和木质素的含量变化，其中半纤维素的含量发生了较大变化，为了证实这一推测，测定了变色前后泡桐木材中半纤维素的主要成分戊聚糖的含量变化。在表4-4中，泡桐木材正常材的戊聚糖含量为26.13%，变色材的戊聚糖含量为22.75%，戊聚糖含量在泡桐木材变色前后发生了较大变化，含量明显降低。这可以表明，变色前后综纤维素含量的变化主要是由于半纤维素中戊聚糖含量变化引起的。

此外，在真菌引起的泡桐木材产生变色前后，pH值也发生了相应的变化，即寄生在木材中的真菌在繁殖和生长过程中可释放出二氧化碳等酸性挥发物，有助于提高木材的酸度，给真菌繁殖创造有利环境。

由上述试验结果分析可以推论：泡桐木材在真菌引起的变色中，木材主要化学成分半纤维素发生降解或分解，是真菌的主要食物营养源。

4.10 真菌作用下泡桐木材成分结构变化

4.10.1 变色泡桐木材的傅里叶转换红外光谱（FTIR）分析

①材料与方法

试样取自兰考泡桐（*Paulownia elongata*）木材的心材部分，高度位于树木胸径以上附近，所取试样具有代表性，而且无缺陷。所用试件尺寸为29 mm×29 mm×9 mm，9 mm为木材的生长方向，试件在冰箱中冷冻保存。试验方法参见第4.2.1节，变色桐材为真菌接种培养六周后的木材。分别取充分干燥的变色桐材与未变色桐材木粉和纤维素2 mg或木质素0.5～1 mg试样与200 mg KBr研磨，制成样品。频率范围5000～400 cm⁻¹，分辨率为2 cm⁻¹，10～100次扫描积分，溴化钾作参考物。木材与纤维素以亚甲基2920 cm⁻¹或1317 cm⁻¹，木质素以苯环的环内振动1510 cm⁻¹作以为内标峰进行归一化处理。在谱峰1900～780 cm⁻¹之间进行波谱基线校正。

②变色泡桐木材FTIR波谱分析

木材的红外光谱比木质素和纤维的更为复杂，常用于定性分析，定量较少。采用KBr压片测得泡桐正常材与变色材的傅立叶红外吸收光谱归属见表5。

从表4-4和图4-11可以看出：

a. 真菌引起的泡桐木材化学成分均发生了较大变化。

b. 与正常材相比，变色泡桐木材的与C=O振动相关的红外吸收谱峰1744 cm⁻¹、1734 cm⁻¹有些减弱，即具有羧基的半纤维素和少量纤维素发生变化。

c. 变色材的木质素特征吸收1508 cm⁻¹、1270 cm⁻¹、1266 cm⁻¹（G型）相对比较稳定，即木质素变化不大。

d. 变色木材的具有多糖类特征吸收1200 cm⁻¹、1153 cm⁻¹、及1112 cm⁻¹相对减弱，即在变色菌作用下，半纤维素发生较多的降解反应。

从红外谱图数据可以推测，在真菌作用下，半纤维素比纤维素和木质素更易发生降解反应。这一推测与化学成分定量分析的结果相符合。

表4-4　兰考泡桐木材的FTIR光谱归属

波数/cm⁻¹		官能团	基团说明
正常材	变色材		
3316	3405	—OH	O—H伸展振动
2918	2922	—CH3, CH2	C—H伸展振动
1735	1735	C＝O	C=O伸展振动（聚木糖）
1650	1637	C＝C	C=C木素侧链上的碳碳双键
1595		苯环	芳环骨架伸展振动（木素）
1507	1508		芳环骨架伸展振动（木素）
1463	1473	骨架	CH2对称弯曲（木素）
1425	1428	—CH3, CH2	CH2剪切振动（纤维素），CH3弯曲振动（木素）
1375	1375	—CH	CH弯曲振动（纤维素和半纤维素）
1332	1330	C—O	紫丁香基芳环的C—O伸展振动（木素）
1244	1247	C—O	愈疮木基芳环的C—O伸展振动（木素）
1230	1232	C—O	C—O振动（乙酰基）
1158	1151	C—O—C	愈疮木基芳环的C—O伸展振动（木素）
1124	1111	O—H	伸缩和弯曲
896	896	异头碳（C1）	β-异头碳（C1）的振动
611	618		C—H，C—O—H振动

图4-12中，变色材谱图与未变色材（正常材）谱图之差，称为差谱图。在差谱图4-12中，泡桐木材变色前后的化学成分变化非常明显。

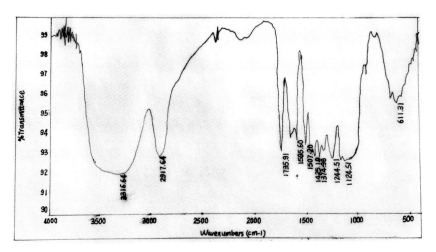

图4-10　FTIR红外谱图——正常材

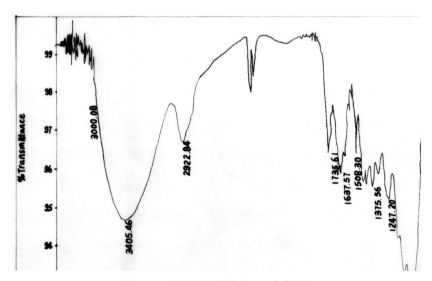

图4-11　FTIR红外谱图——变色材

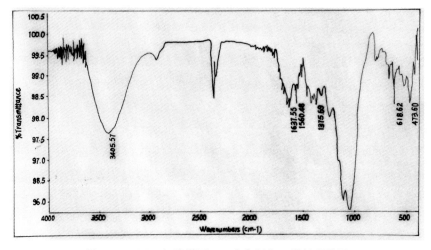

图4-12　FTIR红外谱图——变色材与正常材差谱图

4.10.2 变色泡桐木材的化学分析光电子能谱（ESCA）分析

① 光电子能谱（ESCA）分析方法

化学分析光电子能谱分析仪（ESCA或XPS，Electron Spectroscopy for Chemical Analysis）或X射线光电子能谱仪（X-ray photoelectron Spectroscopy）是20世纪60年代瑞典科学家Siegdahn及其同事共同研究开发出来用来分析固体表面化学结构的一种表面分析仪器，是根据表面原子受X射线辐射后其内层电子被激发溅射，以及这些受激电子离开轨道时所负载的动能变化来分析固体表面的元素组成和元素的化学状态，从而揭示表面化学特性和作用机制的分析技术。

根据Dorris与Gray（1978）对木质材料和纸张的研究，将碳元素依其氧化态的不同而分为4大类（Dorris；Gray，1978）：

Ⅰ. C1，碳原子仅与碳原子及（或）氢原子连接，即–C–H（hydrocarbon）与–C–C–，其电子结合能较低、能谱峰为285eV。在木材中主要为木质素苯丙烷和树脂酸、脂肪酸、脂肪和蜡等碳氢化合物。

Ⅱ. C2，碳与一个非羰基类的氧原子连接、即–C–OH（hydroxyl），能谱峰位为286.5eV，主要为醇、醚等。木材中纤维素和半纤维素中均有大量的C原子羟基（–OH）。尤其是纤维素，它是D—吡喃葡萄糖基以1.4–β甙键相互结合而成的一种高聚物。在每个葡萄糖上有三个羟基（一个伯醇羟基，两个仲醇羟基），这样聚合度高达成千上万的纤维分子就拥有数目极大的与C原子相联的羟基。因此，这种结合状态代表纤维素和半纤维素的化学结构特征。羟基具有极性，电负性大，故电子结合能相应增大。

Ⅲ. C3，碳原子与二个非羰基类的氧原子连接，或与一个羰基类氧原子连接，即HO–C–OH（acetal）或C=O（carbonyl），能谱峰位为288~288.5eV，主要为醛、酮、缩醛等。在木材中系木材表面的化学组分羰基和氧化后的特征。由于C在HO–C–OH和C=O结构中氧化态较高，故表现出较高的电子结合能；

Ⅳ. C4，碳原子与一个羰基类氧原子及一个非羰基类氧原子一起连接，即使HO–C=O（carboxylate），能谱峰位为289~289.5eV，为酯基、羧基等。在木材中这是木材中含有或产生的有机酸、脂肪酸等物质。见图4–13碳原子邻位的氧原子愈多，所产生的化学位移愈大，即光电子能谱吸收谱线就出现于高电子结合能的位置，在进行ESCA光谱测定时，一个多电子体系存在着复杂相互作用（荷电效应、轨道角动量、自旋角动量等的耦合作用），使所得的谱图中的谱峰重叠，形成合成谱峰。特别是由化学位移引起的电子结合能变化很小，谱峰易重叠。因此，为了分析固体表面的化学变化就需要依据各特征谱峰参数，将原子的光电子能谱的原始谱线进行电脑曲线拟合分峰处理。

采用化学分析光电子能谱ESCA，试样取自兰考泡桐（*Paulownia elongata*）木材的心材部分，高度位于树木胸径以上附近，所取试样具有代表性，而且无缺陷。所用试件尺寸为29mm×29mm×9mm，9mm为木材的生长方向，试件在冰箱中冷冻保存。试验方法参见第4.2.1节，变色桐材为真菌接种培养六周后的木材。分别取充分干燥的变色桐材与未变色桐材木粉为试样（60~100目），采用非单色的Mg和Al二阳极的X–射线源，Mg$\alpha^1\alpha^2$（1253.6eV）作为光子源，分析变色前后泡桐木材电子结合能变化，其结果见表4–5，谱图（图4–14）。

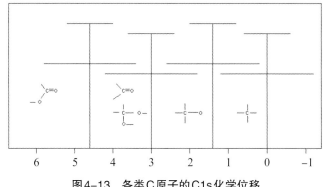

图4-13　各类C原子的C1s化学位移

② 结果与讨论

从图4-13和4-14与表4-5可以看出：

a. 正常材C1峰面积为68.91%，变色材增加为73.92%，变色木材中木质素的含量相对比例增加，这与FTIR和化学成分定量分析结果一致。

表4-5　变色前后泡桐木材的ESCA波谱分析

	正常材				变色木材				
	C_{1s}	C_1	C_2	O_{1s}/C_{1S}	C_{1s}	C_1	C_2	C_3	$O1s/C1S$
电子结合能[eV]PP	284.25	285.75	287.25		284.75	286.40	287.70	288.80	
半峰宽HW	2.22	2.00	2.50		2.52	1.72	1.50	1.92	
PH	95.56	20.00	19.56		93.66	27.73	12.68	8.25	
PA	68.91	15.11	15.98	0.408	73.92	15.02	6.08	4.98	0.329

注：PP：化学位移；HW：半峰宽；PH：峰高；PA：峰面积

b. 变色前后木材中C_2含量变化较小（15.02%～15.11%），C_3与C_4显著减少（15.98%～6.08%+4.98%）。产生这一现象的原因是具有羟基结构的纤维素（C_2）变化很少，具有羧基结构的半纤维素（C_3或C_3）含量降低，这与FTIR和化学成分定量分析结果一致。

c. 与正常材相比，变色泡桐木材O1s/C1s的比值下降，表明变色材的含氧较高的化合物减少，可能是由于在变色后的木材中，含氧较高的半纤维素含量减少，而含碳较高的木质素含量增加所致（半纤维素C 44.4%；O 49.4%；木质素C 60%；O16%～20%）。

4.10.3 真菌作用下泡桐木材化学组分含量、结构变化的研究结论

木材化学成分含量变化分析试验结果分析表明，在真菌引起变色的泡桐木材中，木质素含量增加，纤维素含量变化不明显，半纤维素发生很明显的降解或分解。

从红外谱图（FTIR）及化学光电子能谱（ESCA）图4-14、图4-15分析表明，在真菌作用下，泡桐木材化学成分发生了较大变化，具有羧基的半纤维素和少量纤维素发生变化，半纤维素比纤维素和木素更容易发生降解反应。木材的成分、结构发生变化，从而引起木材颜色发生变化。

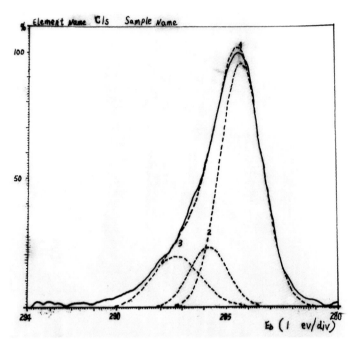

图4-14　正常材ESCA波谱图

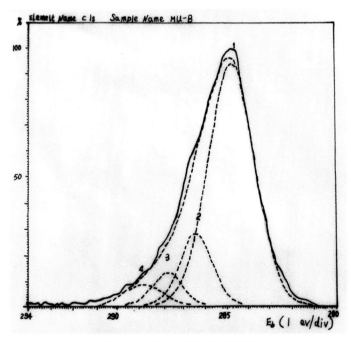

图4-15　变色材ESCA波谱图

4.11 泡桐木材变色防控技术研究

4.11.1 物理法控制泡桐木材变色

木材上的真菌生存受温度、含水率、氧气、pH值及其生长中需要的化合物如含氮化合物、维生素和一些关键的化学因素。如能控制以上主要因素的其中一种，则真菌在木材上就不能很好生长。木材砍伐后及时干燥，就是控制了木材中的含水率，缺少了水分，真菌在木材上就不能很好繁殖。但在木材使用、储存及运输过程中，环境湿度的变化，会影响木材水分变化，这样最初感染霉菌，聚集水分，又为其他真菌的繁殖创造了条件。真菌生长所能适应的温度范围亦很广，从15~45℃是真菌都能很好生长。真菌生长较适合的pH值范围是3~6，即酸性环境。其他营养源，木材中都具备。下面就改变木材的pH值以探索其对真菌的影响，以及相应条件下的木材颜色变化规律。

① 研究方法

配制不同pH值酸碱溶液，将用作腐朽试验的泡桐小试件放入溶液中浸泡24小时，并用抽真空、加压法反复处理，使木块内外的酸碱度尽量一致。把处理过的泡桐试件放在真菌培养瓶中进行腐朽试验，六周后进行颜色测试。

② 结果与讨论

研究发现pH值在4~6时，真菌的活动能力较强，代谢能力也最旺盛，分解酶的活力也高（太田路一），真菌产生的色素亦多，因而这时木材所受影响也最大。从图4-16 pH—△E*曲线看出，在pH为4~6时，木材受真菌影响最明显，色差达到最高，随着pH值的逐渐升高，真菌生长所需环境的关键因子发生了变化，真菌的繁殖能力受到限制，菌丝不能很好地吸取木材细胞中储存的各种养分（如淀粉和糖类），也不会再溶蚀木材细胞壁，如纤维素、半纤维素和热水抽出物等，木材降解速度下降，同时真菌分泌的色素也相应减少，所以色差减小。但pH值不能过小或过大，过小则木材产生酸变色，过大则产生碱变色。

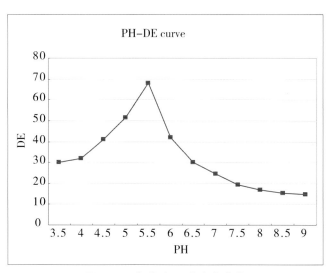

图4-16　色差随PH值变化曲线

4.11.2　物理化学法防治泡桐木材变色

通过对泡桐木材变色类型的确定，以及对泡桐木材变色机理的研究，可以确认泡桐变色与真菌有着密切的联系。真菌在木材加工、储存和使用过程中，如果湿度、温度、氧、pH值等因素得以满足，那么它们就会迅速繁殖蔓延，并分泌多种生物酶，用以降解木材的纤维素、半纤维素、木素、淀粉等多糖化合物，木材中的主要成分由高聚物变成低聚物，在此过程中木材产生许多发色基团，就使木材的颜色发生了变化，另外，真菌在生长时，还分泌大量的色素，这些沉积的色素也会使木材发生变色。

物理方法有干存法，湿存法，水存法。木材干存法是在最短期间内，把原木或成材的含水率降低到25%以下。对易腐朽木材或当空气潮湿时，应用防腐剂处理；如果在材身上和断面上发现有菌丝出现，应进行适当的消毒，以防止真菌的繁殖。湿存法是使木材保持较高的含水率，避免菌、虫危害。采用湿存法保存木材时，应选择地势低，水源充足的场所，原木采伐后，紧密堆积，迅速覆盖，定时消毒。为了防止阔叶木材的断面失掉水分，发生开裂或菌虫感染，可用防腐护湿涂料涂刷在原木两端的断面上，在涂料上面再涂上一层石灰水溶液，以避免日光照射使涂料溶化流失。水存法是保持木材最高的含水率，防止菌、虫危害和避免木材开裂的一种有效方法。

化学法是使用化学药品对木材进行处理，达到杀菌、杀虫，保护木材的目的。现在随着人们环保意识的增强，低毒、价廉、广谱、使用安全的杀菌剂越来越受到青睐。

本研究采用的物理化学法，即是用水溶液（物理法）结合使用化学试剂处理泡桐木材的方法。使用的化学物质都是比较温和的化学物质，对木材不会造成损坏，对人、畜、环境比较安全，不会造成环境污染。采用亚硫酸氢钠，抑制酶的活性，减少其对木材的降解；碳酸钠用以改变木材内的pH值，抑制真菌及解聚酶的作用；硼砂用以杀菌、抑菌，这三种试剂组成的配方，对防止木材变色有很好的作用。

1) 单一化学试剂的选择

① 材料和方法

将新伐兰考泡桐（*Paulownia elongata*）锯解成18 mm厚的板材，再制成18 mm×60 mm×100 mm（最后一尺寸为纵向长度）尺寸试件备用，测色面为径切面或弦切面，尺寸允许误差纵向为±2 mm，横向为±1 mm，无死节、夹皮、活节。并将制备好试件放置冰箱内冷藏。

以试剂的浓度、温度、处理时间为因素，考虑部分因子的交互作用，采用7因素3水平18次试验正交试验设计。

② 结果与讨论

从亚硫酸氢钠处理泡桐木材的试验结果得知，亚硫酸氢钠对泡桐木材的亮度、变红度、变黄度及白度的影响都达到了极显著水平，说明适当使用亚硫酸氢钠溶液处理木材可有效防止泡桐木材变色，能提高木材的白度。其作用原因可能是亚硫酸氢钠对微生物产生的多酚氧化酶有抑制作用，以防其促使木材变色。

用碳酸钠水溶液防止泡桐木材变色的研究结果表明，其对木材的颜色指标均有不同程度的影响，对变黄度的影响最大，达到了极显著水平；浓度和温度的交互作用对总色差也达到了显著水平，说明使用碳酸钠处理泡桐木材还受温度的影响，温度低，效果较好，估计是与真菌生长的条件有关系，其主要作用在于破坏真菌生长的环境。

使用硼砂水溶液防止泡桐木材变色的研究结果表明，硼砂的浓度对泡桐木材的亮度、变红度、白度的影响均达到了极显著水平，说明使用硼砂可有效防止木材变红并提高木材白度。其原因可能是硼砂对某些真菌有抑制作用。

2) 混合试剂防治泡桐木材变色

从单一试剂的选择试验结果显示，一些试剂对预防泡桐木材变色有一定作用，对木材个别颜色指标的影响达到显著或极显著水平，但仅凭一种试剂还不能达到理想的预防效果，还需综合使用几种试剂处理泡桐木材，以达到防治变色的目的。下面就由亚硫酸氢钠、碳酸钠、硼砂组成的配方，防止泡桐木材变色的研究进行介绍。

① 材料和方法

试件制备和试件保存：将新伐兰考泡桐（*Paulownia elongata*）锯解成18 mm厚的板材，再制成（mm）：18×60×100（最后一尺寸为纵向长度）尺寸试件备用，测色面为径切面或弦切面，尺寸允许误差纵向为±2 mm，横向为±1 mm，无死节、夹皮、活节。并将制备好试件放置冰箱内冷藏。

本试验设置一种防变色处理配方，对泡桐按照$L_{18}(3^7)$正交试验设计进行处理，处理试件均为随机抽样，处理时间5天。

亚硫酸氢钠、碳酸钠、硼砂，按7因素和3水平，2次重复正交实验设置。

② 结果与讨论

防止生物变色有多种办法，如传统的木材干燥法，水泡法等，在一定程度上可起到防变色的作用。但因各个工厂的生产条件不一样，有些不能及时处理，在木材锯解前就发生了变色；有些在运输和使用过程中，木材所受自然环境如湿度、温度等因素的影响也大为不同，所以不能有效防止微生物对木材的侵袭，处理过的板材出现"返色"。当传统的方法不能满足生产要求时，就要使用化学试剂进行防治。

本试验根据真菌变色机理，使用亚硫酸氢钠，抑制酶的活性，减少其对木材的降解；碳酸钠用以改变木材内的pH值，硼砂用以杀菌、抑菌，这三种试剂组成的配方，对防止木材变色有很好的作用。

3）物理化学法处理与物理法处理对比研究

① 材料与方法

试材为兰考泡桐（*Paulownia elongata*），物理化学法采用的化学配方（略），溶液pH值为8～9，化学试剂为工业品，温度20±3 ℃。物理法采用45±3 ℃温水浸泡，pH值为6.5～7.5。

② 结果与讨论

从分析结果表明最佳配方处理试件与45 ℃温水处理（工厂传统处理方法）试件相比较，在明度（L*）和白度（TW）方面有极显著提高；在变红度（a*）、总色差（△E*）方面有极显著降低；变黄度（b*）则无差异。

以上所研究的泡桐防变色最佳配方的防变色效果，较45 ℃温水处理防变色效果，材色指标均好于45 ℃温水处理防变色效果，且有极显著差异。

4.11.3 最佳配方处理试件与外贸出口A级板样品色泽对照检验

① 材料与方法

将以上泡桐防变色最佳配方处理试件与外贸出口A级板样品材色指标对比研究。

② 结果与讨论

从表4-6检验结果表明，经最佳防变色配方处理的泡桐，其材色指标除变黄度（b*）与外贸出口A级板变黄度（b*）材色指标无显著差异外（但能达到A级板标准），其余材色指标均好于外贸出口A级板，且有极显著差异，显著性均达到99%以上。

经济效益分析如下：

表4-6 最佳配方处理试件与外贸出口A级板材色值方差分析

来源		平均值	自由度	s^2	t	ta（75，0.05）	ta（75，0.01）	显著性
明度（L）	处理	80.37	25	7.53	8.66			** ↑
	A级板	75.29	50	4.62				
变红度	处理	3.09	25	20.35	−2.84			** ↓
（a）	A级板	6.19	50	18.7				
变黄度	处理	18.3	25	11.67	−1.6	2	2.65	
（b）	A级板	19.22	50	2.10				
总色差	处理	22.96	25	5.52	−8.17			** ↓
（DE）	A级板	28.00	50	6.5				
白度	处理	38.61	25	14.17	6.60			** ↑
（TW）	A级板	33.08	50	9.99				

根据生产实际和试验测试，工业生产桐木拼板时，每浸泡处理1 m³毛边泡桐板需用水0.7 m³。处理每1 m³毛边泡桐板所需工业成本，见表4-7。即采用最佳防变色配方处理每1 m³毛边泡桐板所需工业成本4.17元。

表4-7 配方处理毛边泡桐板材工业成本（1 m³）

配方	试剂名称	浓度%	单价（元/kg）	用量（kg）	费用（元/m³）
配方	亚硫酸氢钠	0.05	3.8	0.35	4.17
	碳酸钠	0.05	3.6	0.35	
	硼砂	0.05	4.5	0.35	

根据工业生产常温水处理泡桐木板方法，生产1 m³泡桐木拼板成品需要水泡处理毛边泡桐板2.1 m³（按照：原木：成品=3：1；原木：毛板=1：0.7计算）。而1 m³桐木拼板成品中A级、B级、C级板比例3：3：4。而我们通过采用最佳防变色配方处理2.1 m³毛边泡桐板，并加工成成品，可得其经济效益，见表4-8。

表4-8 防变色配方处理泡桐经济效益

处理方法	成本（成品）（元/1 m³）	成品 等级数量m³	数量 等级单价元/m³	产值 元/m³	增值 元/m³
配方	8.76	A级：0.35	4500	3643	754.24
		B级：0.56	3500		
		C级：0.09	1200		

续表

	成本(成品)	成品	数量	产值	增值
水泡		A级：0.3	4500	2880	
		B级：0.3	3500		
		C级：0.4	1200		

采用最佳防变色配方处理从计算分析可知，生产每 $1 m^3$ 泡桐拼板，可带来新增经济效益754.24元。

泡桐是我国重要速生工业用材树种之一，它材质优良，花纹美观，是制造人造板、家具、建筑装饰品等的良好材料。日本和韩国每年从我国进口泡桐板材约20万立方米，另外还有桐木家具等成品；泡桐产区的桐木加工业每年为我国创汇上亿美元，为当地经济腾飞起到了重要作用。但泡桐木材变色大大降低了木材利用率，出口桐材会由于色斑导致产品削价一半，每年由此造成的经济损失达六千万元以上，变色已是制约泡桐加工业发展的重要因素。

据统计，目前华北中原地区农桐间作面积已由20世纪60年代初的50万亩，发展到3000万亩，总株数达6亿株。泡桐主产区的河南省农桐间作面积2000万亩，总株数达4亿株，总蓄积量达1200万立方米，年采伐量70万立方米，已成为全国最大的泡桐生产基地。全国已栽植泡桐在10亿株以上，木材蓄积量达3000万立方米，年采伐量180万立方米。

泡桐主产区的河南省每年可生产泡桐成品板23万立方米，全国每年可生产60万立方米。如果采用本研究技术防止泡桐木材变色，可为河南省泡桐木材加工企业新增经济效益17348万元，全国可增45254万元。每年可为桐木出口企业挽回因变色而造成的经济损失15084万元。泡桐木材变色的防治可使桐木产品明显升值，这将给栽植泡桐的农民带来好处，提高他们种植泡桐的积极性，由此可带来巨大的生态效益和社会效益。

第五章　泡桐木材色斑脱出

5.1 泡桐木材脱色

泡桐是我国重要速生用材树种之一，全国现有泡桐15亿株，活立木蓄积量1亿多m³。河南省泡桐类林木蓄积量约2400万m³。泡桐材多用于拼板和人造板，由于其色泽好，耐腐、不翘不裂，常用于家具制造。泡桐木材具有良好的声乐特性，是民族乐器的优选用材。但由于泡桐木锯解后表面易出现红、褐等色斑而大大降低木材的品质和价格，严重影响了它的销售及应用。

木材的颜色决定木材组分对可见光中不同波长光波的吸收和反射性能。泡桐在刚锯解时无色，是由于它对可见光全部反射的缘故。而在锯解一段时间后，泡桐表面材色发生了变化，出现了黄、褐、黑等颜色，称之为色斑。这可能是由于在光、热、氧等多种因素的作用下，使泡桐木组成物的化学结构发生了变化，一些具有共轭结构的物质在可见光区有不同的吸收，而使泡桐表面出现黄、褐、黑等颜色。目前，对引起泡桐变色的成分众说不一，但相同的是，这些成分中都含有发色基团或助色基团。可见，光对泡桐的变色起着重要作用。而泡桐的抽提物含量高，这些抽提物中大多含有发色基，也是泡桐易变色的主要因素。目前，又从泡桐木中成功的分离出了变色菌。可见，泡桐变色并不是单一的因素，变色物质也很复杂，但针对主要原因，采用合理方法，对防止其变色以及对其变色后的脱色处理，取得了良好的效果。

以往泡桐木材脱色处理多采用温水浸泡的方法，该法是将锯解的泡桐板材用40℃左右水浸泡约10天，中间换水2~3次，但此法返色现象严重。也有用单一试剂进行处理的，但效果不理想。该项技术采用先对泡桐材进行渗透性处理，然后选择包括脱色剂、脱色助剂、表面活性剂以及抑制剂在内的综合配方对泡桐材进行处理，效果理想。该配方的主要脱色成分为H_2O_2，采用L_9正交表，通过正交实验选出配方中最佳浓度组合为$A_1B_1C_2D_2$。

具体试验如下。

试材制备：将变色材锯解成18 mm厚的板材，制成：18 mm×60 mm×100 mm试件，待用。

处理试件均为随机取样，处理时间7天，且每次实验重复4次。实验因素、水平设置（表5-1），实验结果及方差分析如表5-2、表5-3、表5-4。

表5-1　因素及水平

因素Factors	各水平点参数 Parameter at each level point		因素Factors	各水平点参数 Parameter at each level point	
	1	2		1	2
A脱色剂浓度（%） Decolouring agent concn.	1.0	5.0	C抑制剂浓度（%） Inhibiting agent concn.	0.05	0.1

续表

因素Factors	各水平点参数 Parameter at each level point		因素Factors	各水平点参数 Parameter at each level point	
	1	2		1	2
B 脱色助剂浓度（%） Auxiliary decolouring agent concn.	0.05	0.1	D 表面活性剂浓度（%） Surface active agent concn.	0.01	0.05

表5-2　正交试验结果

测试项目 Items	水平 Level	因素 Factors						
		A	B	A×B	C	A×C	B×C	D
L（亮度） Lightness	K1	1258.48	1249.15	1255.07	1237	1255.08	1246.15	1249.25
	K2	1250.90	1260.23	1254.31	1272.10	1254.3	1263.23	1263.23
TW（白度） Whiteness	K1	606.99	585.16	605.21	561.21	604.7	583.17	585.52
	K2	581.53	603.36	583.35	627.31	583.83	605.35	603.0
E（色差） Chromatic defect	K1	343.04	367.07	364.4	374.2	351.01	371.7	369.93
	K2	379.29	355.26	357.93	384.13	371.32	350.63	352.4

表5-3　Tw值和E值方差分析

因子 Factors	自由度 Freedom degree	偏离平方和 Sum of deviation squares		均差平方和 Sum of mean squares		F		显著性 Significances	
		Tw	E	Tw	E	Tw	E	Tw	E
A	1	42.54	41.06	42.54	41.06	10.53	6.06	**↓	**↑
B	1	32.63	4.36	32.63	4.36	8.08	0.64	**↑	
A×B	1	37.27	1.31	37.27	1.31	9.22	0.19	**↓	
C	1	158.82	21.24	158.82	21.24	39.31	3.13	**↑	*↓
A×C	1	35.91	12.89	35.91	12.89	8.89	1.90	**↓	
B×C	1	37.66	13.87	37.66	13.87	9.32	2.05	**↑	
D	1	31.83	9.60	31.83	9.60	7.88	1.42	**↑	
误差 Error	24	96.97	162.6	4.04	6.78				

注：↑表示观测值随因素水平增大而增大；↓表示观测值随因素水平增大而减小，下同。

表5-4 方差分析

因子Factors	自由度 Freedom degree	偏离平方和 Sum of deviation squares	均差平方和 Sum of mean squares	F	显著性 Significances
A	1	1.8	1.8	1	
B	1	3.84	3.84	2.13	
C	1	39.12	39.12	21.74	** ↑
B×C	1	9.12	9.12	5.07	** ↑
D	1	3.7	3.7	2.06	
剩余Surplu sitems=（A×B+A×C+误差 error）	26	46.79	1.8		

由表5-2、表5-3可知：在脱色处理配方中，C、B×C对L具有显著作用并随着C因素水平增大L值增大即C2较好；A对E有极显著作用，随着A因素水平增大E值增大；C对E有显著作用，随着C因素水平增大E值减小，即A1、C2较好；配方中各因素对TW值均有显著作用，随着B、C、D因素水平增大值也增大，考虑变红度、变黄度对各色值的影响，该配方中各浓度的最佳组合为A₁B₁C₂D₂。

处理工艺：

变色原木锯解→渗透性处理→脱色处理→防变色处理

处理结果：

对变色材进行处理处理后1年的材色，L*值为76.99、a*值为5.64、b*值为18.30、TW值为35.87、ΔE为24.31。处理前的板材相比L*值提高26.63，TW值提高19.65，a*、b*分别降低5.25、1.73、ΔE降低20.13，处理后板材色泽自然、光亮，有一定的处理深度。可使等外材跃为二等材，减少三等材数量，能显著增加经济效益。

脱色废液处理

采用化学絮凝——炉渣吸附处理泡桐材脱色废液，能有效地降低废液中的COD值和色度。当处理的泡桐材变色程度较轻时，其脱色废液只用煤渣灰吸附既可；若处理的泡桐材变色程度较重，泡桐材浸泡废液较深时，先用絮凝剂处理废液，采用二次吸附处理或处理时添加一定量的活性炭，对出水水质都有明显改善。从经济角度出发，活性炭价格较贵，可采用吸附塔结构作调整，将粉煤灰和活性炭分层装塔，这样，活性炭可重复或再生利用，减少经济损失，降低成本，吸附后的炉渣可做煤渣砖，减少二次污染。该法既经济又简单，且效果明显，是处理泡桐材脱色废液的一种有效方法，适合小型桐木拼板企业对脱色废水的处理。

5.2 泡桐木材的渗透性改善

木材的渗透性是指流体（或气体）依靠压力梯度通过木材的难易程度的计量，是木材的一个重要性质，也是木材加工及利用的重要前提。木材加工利用过程中，流体的排出和注入都与木材的渗透性有关。例如：木材的防潮、防火、防腐、染色、脱色、干燥等加工利用处理都与木材的渗透性密切相关。

在泡桐的脱色和防变色过程中，如采用水处理和单一的氧化漂白（或还原漂白）处理，但效果均不佳，返色严重。其原因就是处理试剂不能有效渗入到泡桐材内部。

木材渗透性改善方法有化学法、生物法、物理法。

本研究是从木材的渗透性出发，利用化学试剂NaOH溶液对杂交泡桐进行渗透性改善，以达到提高泡桐脱色和防变色效果目的。通过对泡桐、杨树的浸提物成分分析，见表5-5。可得NaOH溶液对泡桐中的内含物（泡桐的变色主要是由于泡桐中的内含物在自然界发生化学反应而至）具有较强的浸提作用。同时NaOH溶液还具有溶解打通木材中的部分闭塞纹孔作用。由此可见，用NaOH溶液处理杂交泡桐不仅可以改善其渗透性，提高脱色试剂和防变色试剂对杂交泡桐材的处理效果，还可以降低杂交泡桐材的内含物，其本身就具有一定的防变色效果。从另一方面看，木材的内含物被浸提过度，其内部空腔会过分增大，木材在干燥过程中，会造成木材收缩严重，导致木材的渗透性相对降低，所以选择NaOH溶液适当的浓度和处理时间，对于改善杂交泡桐的渗透性具有十分重要的作用。

表5-5　泡桐、杨木木材的浸提物成分%（以基干为准）

树种	项目					产地
	灰分	冷水浸提物	热水浸提物	1%NaOH浸提物	苯—乙醇浸提物	
兰考泡桐	0.74	7.99	10.60	25.74	9.69	河南
川泡桐	0.33	6.15	8.91	27.81	7.32	四川
台湾泡桐	0.29	5.43	7.59	24.97	5.48	浙江
毛泡桐	0.19	7.57	10.78	26.8	9.70	河南
南方泡桐	0.46	4.18	6.20	22.45	4.36	浙江
楸叶泡桐	0.51	8.74	11.34	26.03	10.00	河南
毛白杨	0.54	3.36	4.76	19.62	4.45	河南
小叶杨	1.07	2.67	3.99	23.02	2.33	河南

技术路线：

原木锯解→试件制备→渗透性改善处理→处理试件渗透性测定→结果与分析→杂交泡桐渗透性改善与脱色和防变色关系研究→结论。

试件制备：

渗透性改善处理试件

杂交泡桐渗透性改善处理试件，在试材纵向同年轮层内制取，试件尺寸（mm）：20×20×100（最后一尺寸为纵向长度）。制作试件要求纹理、年轮与边棱平行，尺寸允许误差纵向为±2mm，横向为±1mm，无缺陷。

脱色和防变色处理试件

试件尺寸（mm）：$20 \times 50 \times 100$。测色面为试材的弦切面或径切面，无缺陷。

泡桐木材渗透性改善试验

随机抽取泡桐渗透性改善处理试件9块，按照正交试验设计$L_9(3^4)$进行试验，以NaOH溶液的浓度（A）和处理时间（B）为变量因素，因素水平设置略。

结果表明，NaOH作为渗透剂，对杂交泡桐木板材进行渗透性改善时，浓度和时间对试验结果影响极显著，可靠性达95%。从表2-42可得试验6效果最佳，处理浓度为0.2%，处理时间48小时。

NaOH溶液能较好地改善泡桐木材的渗透性。

因为NaOH溶液能较好地浸提泡桐木材中的内含物，并打开泡桐木材中的部分闭塞纹孔，因此经NaOH溶液处理后的杂交泡桐的渗透性具有一定的提高。

泡桐木材渗透性改善与脱色和防变色关系

NaOH溶液对泡桐板材的色泽无漂白污染作用，但对泡桐板材防变色有极显著作用。

因为NaOH溶液中的OH^-，不具备对木材进行漂白作用，所以NaOH溶液不能提高杂交泡桐板材白度。但是OH^-对木材中的内含物具有浸提作用，同时提高木材内的pH值，起到抑制真菌作用，防变色效果也就随之提高。

泡桐木材的脱色技术

本试验采用多种化学试剂组合配方对经渗透性改善处理后的变色泡桐进行脱色处理，通过对处理试件色泽的五个观测值（即：明度、变红度、变黄度、白度、总色差）测定与分析，筛选出最佳配方及工艺。并将最佳配方及工艺处理试件与试件处理前和外贸出口A、C级板材色值进行对照检验。

技术路线

原木锯解→放置变色→处理前测色→最佳脱色处理配方研究→最佳脱色配方处理试件与试件处理前色值对照检验→最佳脱色配方处理试件色值与外贸出口A、C级板材色值对照检验→经济效益分析→结论。

试件制备

将新伐杂交泡桐锯解成18mm厚的板材，放置室外6～8个月，待其发生变色，再制成（mm）：$18 \times 60 \times 100$（最后一尺寸为纵向长度）尺寸试件备用，测色面为径切面或弦切面，尺寸允许误差纵向为± 2mm，横向为± 1mm，无死节、夹皮、活节。

试验设计

本试验设置二种脱色处理配方，通过对渗透性改善后的变色杂交泡桐试件，采用$L_8(2^7)$正交试验设计进行脱色处理，筛选出最佳配方。

结果表明，最佳配方一和二处理试件一年后色值与试件处理前色值比较，明度和白度有极显著提高，变红度和总色差有极显著降低，变黄度有显著降低。

最佳处理配方一、二与外贸出口A级板材对照检验

将以上最佳配方一、二处理试件一年后色值与外贸出口A级板材色值比较，得出其方差分析，见表5-6。

表5-6　最佳配方一、二处理试件与外贸出口A级板材色值方差分析

来源		平均值	自由度	s2	t	ta（75，0.05）	ta（75，0.01）	显著性
明度（L）	配方一	76.99	25	4.02	3.26	2	2.65	** ↑
	配方二	80.37	25	7.53	8.66			** ↑
	A级板	75.29	50	4.62				
变红度（a）	配方一	5.64	25	13.46	−0.53	2	2.65	
	配方二	3.09	25	20.35	−2.84			** ↓
	A级板	6.19	50	18.7				
变黄度（b）	配方一	18.3	25	11.67	−1.6	2	2.65	
	配方二	20.73	25	4.53	3.57			** ↑
	A级板	19.22	50	2.10				
总色差（DE）	配方一	24.31	25	3.07	−6.42	2	2.65	** ↓
	配方二	22.96	25	5.52	−8.17			** ↓
	A级板	28.00	50	6.5				
白度（TW）	配方一	35.87	25	7.09	3.74	2	2.65	** ↑
	配方二	38.61	25	14.17	6.60			** ↑
	A级板	33.08	50	9.99				

　　检验结果表明经最佳脱色配方一脱色后的变色杂交泡桐，其色值除变红度（a）和变黄度（b）与外贸出口A级板变红度（a）和变黄度（b）色值无显著差异外（但能达到A级板标准），其余色值均好于外贸出口A级板，且有极显著差异，显著性达到99%。

　　经最佳脱色配方二脱色后的变色杂交泡桐，其色值除变黄度（b）达不到外贸出口A级板变黄度（b）色值标准外，其余色值均好于外贸出口A级板，且有极显著差异，显著性达到99%。

经济效益分析

　　根据生产实际和试验测试，工业生产桐木拼板时，每浸泡处理1 m³毛边桐板需用水0.7 m³。依此可得采用最佳脱色配方一和最佳脱色配方二处理每1 m³毛边变色杂交泡桐板所需工业成本，见表5-7。即，采用最佳脱色配方一处理每1 m³毛边变色杂交泡桐板所需工业成本费31.15元；采用最佳脱色配方二处理每1 m³毛边变色杂交泡桐板所需工业成本费177.98元。

　　根据工业生产常温水处理桐板方法，生产1 m³桐木拼板成品需要水泡处理毛边桐板2.1 m³（按照原木：成品=3：1；原木：毛板=1：0.7计算）。我们通过采用最佳脱色配方一和最佳脱色配方二各处理2.1 m³毛边变色杂交泡桐板，并加工成成品，经测试可得其经济效益，见表5-7。即采用最佳脱色配方一处理，生产每1 m³杂交泡桐拼板，可带来新增经济效益2014.58元；采用最佳防变色配方二处理生产每1 m³杂交泡桐拼板，可带来新增经济效益1681.24元。

表5-7 最佳脱色配方一和配方二处理变色杂交泡桐经济效益

处理方法	成本（1 m³成品）	成品		数量	产值	经济效益（净增值）
		等级数量	等级单价			
配方一	65.42元	A级：0.24 m³	4500元/m³		3280元/m³	2014.58元/m³
		B级：0.56 m³	3500元/m³			
		C级：0.2 m³	1200元/m³			
配方二	373.76元	A级：0.25 m³	4500元/m³		3255元/m³	1681.24元/m³
		B级：0.54 m³	3500元/m³			
		C级：0.2 m³	1200元/m³			
变色板		A级：0 m³	4500元/m³		1200元/m³	
		B级：0 m³	3500元/m³			
		C级：1 m³	1200元/m³			

可见采用杂交泡桐最佳脱色配方一、二处理变色杂交泡桐拼板，具有较好经济效益。同时还可以扩大杂交泡桐工业用途，改变人们关于杂交泡桐拼板脱色难，等级差的观念，促进速生丰产杂交泡桐栽培种植，具有良好的社会效益。

5.3 木材蓝变脱出

木材颜色是衡量木材材质的一个重要指标，其色度学指标直接关系到木材表观质量，影响木材使用价值及利用率。

变色使木材材面或木制品表面颜色不均匀，深浅不一。变色使木材的纹理和色调的美观受到破坏，直接影响成材和制品的外观质量，使其商品价值大为降低。一些刨切用木材如泡桐、樟子松、香樟木、竹材等木材经过蒸煮、加热、调湿后，在储运、加工过程中极易发生蓝变，有时又称青变，影响木材表观质量，使产品出材率、利用率大为降低，经常造成产品降等、削价、亏损，甚至用户退货索赔。因此，木材蓝变防治备受微薄木及其二次贴面装饰木材加工企业重视，生产的全部过程都要考虑木材变色问题。

对于木材蓝变预防，可采用物理法、低温、干燥抑制真菌生长，也可采用化学法对木材进行防腐、防霉控制，但由于加工量大，企业条件限制，即便采用以上措施，在夏季潮湿环境下，仍有大量木材发生蓝变。有很多科研人员寻找办法进行脱出蓝变色斑，从理论上分析了变色物质的成分及特性，但因成分及变色机理复杂，还没有找到简便而有效方法进行防治。生产上多采用过氧化氢加烧碱水溶液进行漂白，虽有一定效果，但因过氧化氢易挥发，药效持续性差，处理工艺时间长，蓝变不能彻底去除。本文针对加工中常用的微薄木加工用木材如泡桐、樟子松、香樟木和竹子等材种，根据长期从事木材变色防治成果，综合考虑脱色剂对木材蓝变色素作用的敏感程度、药剂间的协同作用、改善木材表面活性、渗透性等因素，配制了环保型蓝变木材脱色剂TSBL，进行蓝变脱色试验，以期解决蓝变木材色素脱出问题。

5.3.1 材料与方法

5.3.1.1 材料

泡桐（*Paulownia elongata*），采自河南兰考县木材加工厂，木材产地为当地。樟子松（*Mongolian Scotch*）10株，进口俄罗斯木材，无结疤、无腐朽。橡胶木（*Hevea spuceana*），采自山东庄寨木材市场，进口巴西木材，木材无结疤、无腐朽。香樟木（*Cinnamonum camphora*），采自山东菏泽庄寨镇木材市场，产地湖南益阳。竹子（*Moso Bamboo*），采自山东菏泽庄寨镇木材市场，产地浙江安吉，刨切用集成材。

脱色剂TSBL，由次氯酸钠、过碳酸钠、SDS及EDTA主要成分组成，按照1~20：1~20：0.01~1：0.05~1比例由中心实验室配制成水溶液，无毒环保。

过氧化氢，工业级，郑州生产。

5.3.1.2 方法

将4种发生严重蓝变木材及竹材制成尺寸为50 mm×10 mm×5 mm试件，各600块；4种木材及竹材微薄木尺寸（长度×弦向×径向）为50 mm×0.6 mm×5 mm试件，每种1500片；低温恒湿存放备用。

采用WHSC-100测色仪，测定木材不同层面颜色，L* a* b*表色系，L*（亮度），a*（变红度），b*（变黄度），ΔE*（总色差）。

5.3.1.3 实验设计

1）正交试验分别将脱色液浓度A、处理时间B、温度C及脱色液酸碱度D值作为影响因子，每个因子设定3个水平，考虑交互作用，选择正交表$L_{27}(3^{13})$，见表5-8，安排樟子松微薄木蓝变脱色试验，每个处理试验6片微薄木，测定木材表面L*（亮度），a*（变红度），b*（变黄度），ΔE*（总色差），5次重复，综合研究分析各影响因子。

表5-8　脱色试验设计$L_{27}(3^{13})$

水平 \ 因素	脱色剂浓度A %	处理时间B h	温度C ℃	酸碱度D pH
1	1	1	25	8
2	3	3	40	7
3	5	5	50	6

2）木片厚度及处理时间对蓝变木材脱色效果的影响将蓝变木块、竹片各30块分别放到3%的脱色液中，加热至40 ℃，并恒温保持，分别对处理1 h，3 h，5 h，7 h，9 h的1，2，3，4，5 mm深度层面的蓝变木材漂白效果进行观测。

3）脱色剂浓度对木材脱色效果的影响将过氧化氢配成1%，5%，20%三个梯度的碱性溶液，脱色剂TSBL浓度分别为1%，3%，5%三个水平，在脱色过程中将脱色液加热至40 ℃，保持恒温，木皮厚度为0.6 mm，处理时间为3 h，将备好的4种木材及竹子微薄木试件90块放入溶液中处理，观察脱色剂浓度对脱色效果的影响。

4）处理温度对蓝变木材脱色效果的影响将每个材种微薄木200块试件分成4组各50块，脱色液处理温度分别为20℃，30℃，40℃，50℃，处理时间为5h，进行脱色试验，观测木皮表面真菌蓝变色素脱出情况。

5）脱色液酸碱度pH值对蓝变木材脱色效果的影响脱色液的pH值分别设定为5，6，7，8，9，温度为40℃，将每个材种微薄木250块试件分成5组各50块，处理时间为3h，测定不同pH值条件下蓝变木材的脱色效果。

5.3.2 结果与分析

5.3.2.1 脱色液浓度A、处理时间B、温度C及脱色液酸碱度D等影响因子的方差分析

因发生蓝变的木材L*（明度），a*（红绿轴色品指数）在脱色试验中变化不明显，不能真实反映蓝变木材脱色前后视觉效果差异，故本试验暂省略对其分析，主要对b*（黄蓝轴色品指数）和总色差ΔE*进行分析。从表5-9正交试验方差分析中得知，脱色剂浓度A和反应环境酸碱度D对黄蓝轴色品指数b*及总色差ΔE*影响达到了极显著水平，说明两因素对脱色效果起到关键作用，即脱色剂用量多少，在pH值什么位置反应都很敏感。从反应过程中也可以看出，脱色剂的使用量跟木材蓝变脱出有直接关系，同时，pH值达到一定的条件后，反应才能进行，起到引发与终止的作用。处理时间B也达到了次极显著的水平，说明脱色反应需要一定时间，时间过短达不到脱出蓝变的效果，只有经过一段时间化学反应，才能达到理想的脱色效果。浓度A与温度C的交互作用AC对b*的影响达到显著水平，因为脱色是吸热反应，试验结果也表明药剂在一定的温度下反应效果好。处理时间B与温度C的交互作用BC对ΔE*的影响达到显著水平，说明反应经过一定的时间、且达到适宜温度，蓝变木材脱色的总色差ΔE*才能理想。温度C单独影响因子没有达到显著水平，但从试验上仍能感到受其影响。根据表5-10总色差ΔE*分析中达到显著水平的影响因素K值，蓝变木材脱色最佳组合为$A_2B_2C_2D_2$，即在脱色剂浓度为3%，处理时间3h，温度为40°，酸碱度pH=7时，樟子松微薄木材蓝变可以脱出。其他木材因其本身特性不同脱色因子最佳组合会有一定差异。

表5-9 正交试验方差分析

	方差来源	平方和	自由度	均方和	F	显著性	说明
	A	5.937622	2	2.968811	17.49599	***	F（2，6）（0.10）=3.46
	B	2.8616	2	1.4308	8.432086	**	F（2，6）（0.05）=5.14
	C	0.588156	2	0.294078	1.733079		F（2，6）（0.01）=10.9
变黄度b*	D	5.766289	2	2.883144	16.99114	***	F（4，6）（0.10）=3.18
	AB	0.732111	4	0.183028	1.078631		F（4，6）（0.05）=4.53
	AC	2.172578	4	0.543144	3.200895	*	F（4，6）（0.01）=9.15
	BC	0.970733	4	0.242683	1.430198		

续表

方差来源		平方和	自由度	均方和	F	显著性	说明
	误差	1.018111	6	0.169685			
	总计	20.8654	26				
	A	148.4786	2	74.2393	10.45753	***	
	B	95.4722	2	47.7361	6.724222	**	
	C	38.41327	2	19.20663	2.705493		
总色差ΔE*	D	194.4228	2	97.21141	13.69343	***	
	AB	66.06927	4	16.51732	2.326669		
	AC	49.23884	4	12.30971	1.733976		
	BC	121.1879	4	30.29698	4.267705	*	
	误差	42.59476	6	7.099126			
	总计	780.4286	26				

注: * 代表显著；**代表次极显著；***代表极显著。

表5-10 总色差ΔE* 达到显著水平的影响因素K值

	A	B	C	D	BxC
K1	342.17	334.25	327.91	345.37	286.28
K2	302.72	311.27	303.97	305.42	322.98
K3	293.51	292.88	306.52	287.61	329.14

5.3.2.2 木片厚度及处理时间对蓝变木材脱色效果的影响

表5-11显示：不同处理时间，脱色深度不一样，时间越短，脱色深度越浅，时间长，脱色深度深。樟子松、橡胶木、香樟木、竹子木材处理1 h，蓝变均不能脱出；加热3 h，脱色深度达1 mm；加热5 h，脱色深度达3 mm；加热7 h至9 h，脱色深度达到5 mm，甚至更深。泡桐木材较难脱出，加热5 h，脱色深度达1 mm；加热7 h，脱色深度达3 mm；加热9 h，脱色深度达5 mm甚至更深。不难看出，脱色效果、脱色深度与处理时间有直接关系，处理时间越长，脱色深度越深，处理时间短，处理效果不理想，甚至表层蓝变亦不能脱出。这也说明，木材越厚，脱色难度越大。泡桐木材蓝变更加难以脱出，这是由于泡桐木材渗透性差，脱色液难以进入木材发挥作用有关。樟子松、橡胶木、香樟木和竹子较泡桐材易脱出，这与它们的渗透性好有关。

表5-11　蓝变木材在不同脱色处理时间、不同深度层的观察结果

材种	观测深度/mm	处理时间/（h）				
		1	3	5	7	9
泡桐	1	0	0	1	1	1
	2	0	0	0	1	1
	3	0	0	0	1	1
	4	0	0	0	0	1
	5	0	0	0	0	1
樟子松 橡胶木 香樟木 竹子	1	0	1	1	1	1
	2	0	0	1	1	1
	3	0	0	1	1	1
	4	0	0	0	1	1
	5	0	0	0	1	1

注：表中观察结果"1"代表蓝变可完全脱出，"0"代表蓝变不能脱出。

5.3.2.3 脱色剂浓度对木材脱色效果的影响

表5-12结果显示：在木材传统脱色广泛使用的过氧化氢，由低到高的三种不同浓度药液均不能脱出蓝变木材色斑；脱色剂TSBL的1%药液不能脱出蓝变色斑，3%的即可脱出4种木材蓝变，5%亦可，只是因药力强，脱色速度更快。实验说明，一定浓度的TSBL药液在适宜条件下，能够达到满足脱出木材蓝变之目的。

表5-12　脱色剂浓度对木材脱色效果的影响

树种	H_2O_2%			TSBL/%		
	1	5	20	1	3	5
泡桐	0	0	0	0	1	1
樟子松	0	0	0	0	1	1
橡胶木	0	0	0	0	1	1
香樟木	0	0	0	0	1	1
竹子	0	0	0	0	1	1

注：表中观察结果"1"代表蓝变可完全脱出，"0"代表蓝变不能完全脱出。

5.3.2.4 处理温度对蓝变木材脱色效果的影响

从表5-13中看到，温度对脱色剂TSBL脱色效果影响明显，温度较低时，虽有一定效果，但不能脱出木材蓝变色素，即温度低于40℃时脱色反应很慢，这是因为脱色剂对蓝变木材的氧化

还原反应是吸热反应，需要热能，需要提高温度，当超过40℃时，反应迅速，蓝变色素很快消失。

表5-13　不同温度下对蓝变木材脱色效果的观察结果

树种	温度/℃			
	20	30	40	50
泡桐	0	0	1	1
樟子松	0	0	1	1
橡胶木	0	0	1	1
香樟木	0	0	1	1
竹子	0	0	1	1

注：表中观察结果 "1" 代表蓝变可完全脱出，"0" 代表蓝变不能完全脱出。

5.3.2.5 脱色液酸碱度pH值对蓝变木材脱色效果的影响

从表5-14知道，酸碱度pH值对蓝变木材脱色影响明显，中性的药液基本处于平衡状态，反应很慢，当酸碱度处于酸性状态，即低于7时，H^+离子多时，反应启动，脱色速率明显提高，且随着酸性的增强，脱色反应更彻底。结果显示，酸性状态下，蓝变木材色斑可以去除。当脱色剂处于碱性状态，大于7时，HO^-多时，药液脱色反应基本处于停止状态，蓝变色斑不能脱出。由此看出，H^+和HO^-基团对TSBL脱色液有调控作用。

表5-14　不同脱色液酸碱度pH值条件下对蓝变木材脱色效果的观察结果

树种	pH值				
	5	6	7	8	9
泡桐	1	1	1	0	0
樟子松	1	1	1	0	0
橡胶木	1	1	1	0	0
香樟木	1	1	1	0	0
竹子	1	1	1	0	0

注：表中观察结果 "1" 代表蓝变可完全脱出，"0" 代表蓝变不能完全脱出。

5.3.3 结论

试验结果表明：脱色剂浓度和酸碱度对黄蓝轴色品指数b* 及总色差ΔE*影响达到了极显著水平，处理时间也达到了次极显著的水平，说明其对脱色效果起到关键作用。蓝变木材脱色最佳组合为：脱色剂浓度为3%，处理时间3 h，温度为40℃，酸碱度pH=7时，樟子松微薄木材蓝变可以脱出。其他木材因其本身特性不同脱色因子最佳组合会有一定差异。3%以上浓度的脱色剂TSBL药液即可脱出木材蓝变，浓度越大，脱色效果越好。脱色效果、脱色深度与处理时间有直接关系，处理时间越长，脱色深度越深，反之则差，甚至蓝变不能脱出。木材越厚，脱色难度越大。泡桐木材由于渗透性差，需要5～9h才能脱出蓝变。樟子松、橡胶木、香樟木和竹子较泡桐材渗透性好，3～7h即可脱出蓝变。酸碱度pH值对蓝变木材脱色影响明显，中性的药液基本处于平衡状态，当酸碱度处于酸性状态，即低于7时，脱色速率明显提高，且随着酸性的增强，反应充分，蓝变木材色斑可以去除。当脱色剂处于碱性状态，大于7时，药液脱色反应基本处于停止状态，蓝变色斑不能脱出。

第六章　泡桐表面涂饰

不同品种泡桐木材颜色有明显差异，且因泡桐生长速度快，材质疏松，绝干密度多在 0.19～0.30 g/cm³ 范围内，木材内部空腔大，孔隙率高，为后续加工利用带来诸多难题。木材涂饰可以最大限度保持、增强木材天然花纹和颜色，但泡桐木材采用传统涂饰工艺处理多出现质量缺陷，产品颜色不均一、色差大、装饰效果不好，不美观，降低了桐材产品经济价值，影响了对泡桐木材规模化的深加工利用。因此，为研发高品质装饰墙壁板等高附加值产品提供有效技术支撑，研究解决泡桐木材涂饰后颜色失真、色差大等技术问题刻不容缓。以往只对某些珍贵树种、观光木的涂饰性能进行研究，截至目前，对泡桐木材涂饰研究未见报道。本次开展了泡桐木材天然色涂饰和针对市场不同需求，对多种珍贵木材色进行实验，旨在分析比较泡桐木材涂饰效果，确定相关工艺及参数。

6.1 泡桐木材染色

自从我国对天然林禁伐以来，以往制作家具及装饰的硬杂木日渐稀少，为缓解木材供需紧张，我国短周期定向工业用材林发展很快，尤其是北方地区的杨木、长江及黄河流域的泡桐、南方的杉木发展很快，因蓄积量大、采伐量高、应用广泛，逐渐成为家具、家装的主要木材，而这三种木材的共同特点是色浅、色度不均、偏白、缺少质感，人们认为不够厚重、高贵，是制造家具、房屋装修的低质劣等木材。在我国市场上一直认为偏黑、偏红的硬杂木等厚重木材价值高，是上等的木材，因此，如何通过染色等科技手段，增加这三种速生木材的颜色深度，提高其厚重感，进而提高其附加值具有重要意义。陈玉和等曾对泡桐微薄木进行染色研究，段新芳等曾对杨木单板进行染色研究。但薄木染色过程中存在单板破损率高、后续加工繁杂，成本过高问题，很多企业一直期待能够对厚木进行直接染色，省去薄木单板上染、拼接、胶粘等过程，以提高木材利用率、降低成本，但厚木染色难道大，有很多影响因子需要探索研究。故本研究从木材染色生产的急需解决的难题出发，对三种较厚的速生人工林木材泡桐（*Paulownia elongata*）、杨木（*Populus tomentosa*）、杉木（*Cunninghamia lanceolata*）进行染色研究，以期弄清厚度木材的染色影响因素，促进厚木材染色发展。

6.1.1. 方法与材料

6.1.1.1 实验材料

兰考泡桐（*Paulownia elongata*）30 株，采自河南兰考县，树木健康，生长正常，树龄 15a，树高 15 m，胸径 58 cm。

毛白杨（*Populus tomentosa*）30 株，采自河南省原阳，树木生长正常，树龄 20a，树高 18 m，胸径 40 cm。

杉木（*Cunninghamia lanceolata*）30株，采自湖北荆门，树木生长正常，树龄20a，树高19 m，胸径30 cm。

将三种原木制成尺寸为50 cm×10 cm×5 cm（L×T×R）试件，保湿低温存放，备用。

所用染料是实验室配制的含酸性大红、酸性蓝、酸性黄等成分的仿红木配方染料，处理液浓度采用0.5%。另加本实验室调配的PTCH渗透剂，促进染色。

容器采用日本进口不锈钢压力处理罐，容积5 m³，刻度以mm汞柱标注。

6.1.1.2 实验方法

1）真空度对木材染色深度的影响将制造好的三种木材试件50块干燥至含水率10%±1%，放入真空处理罐，在不同的真空度下进行真空处理1 h，然后加入配制好染色剂溶液常压处理5 h，然后测定三种木材的染色深度，以不同浸渍染色时段测量试件中部截面的T与R的值，以下主要测定径向染色厚度值。

2）渗透剂对木材染色深度的影响将本实验室配制的含表面活性剂的渗透剂PTCH，设定0，0.25%，0.5%，1%，1.5%五个水平，将制造好的三种木材试件50块干燥至含水率10±1%，放入真空处理罐在真空度为650 mmHg进行真空处理1 h，然后经由不同浓度的渗透剂的染色剂溶液处理5 h，考查其对木材渗透深度的影响。

3）木材含水率对木材染色深度的影响将250块试件分成5组各50块，通过干燥使试件含水率分别为5%，10%，25%，50%，100%，进行真空罐染色实验，观测染色液对不同含水率木材的渗透深度。

4）浸泡时间对染色深度的影响考查在抽真空、渗透剂、含水率等其他染色条件相同时，不同浸渍处理时间对木材渗透深度的影响。

5）分别将木材预处理真空度、PTCH渗透剂、浸染时间、浸染木材的含水率等作为影响因子，考虑交互作用，测定木材径向染色深度（mm），选择正交表L₂₇(3¹³)安排试验，5次重复，见表6-1，综合研究分析各因子影响是否显著。

表6-1　$L_{27}(3^{13})$ 5次重复

水平 \ 因素	真空度A/mm Hg	渗透剂B/%	浸染时间C/h	含水率D/%
1	0	0.25	1	5
2	350	0.75	2.5	25
3	650	1.50	5	100

6.1.2 结果与讨论

6.1.2.1 真空度、材种及木材纹理方向对木材染色深度的影响

表6-2　三种木材在不同真空度下（mm Hg）的染色深度mm

	真空度	0	150	250	350	450	550	650
泡桐	T	3	4	5	6	6.7	7.9	9
	R	4	4.9	5.8	6.7	7.0	8.1	11

续表

	真空度	0	150	250	350	450	550	650
杨木	T	8	10	13	16	18	20	23
	R	9	11	14	18	19	21	25
杉木	T	6	8	9	12	15	18	22
	R	7	9	10	14	17	20	24

注：T 为弦向，R 为径向。

从表 6-2 看出，在三种木材进行抽真空后，然后进行染色浸渍处理，真空度对浸渍深度影响明显，虽不是呈直线关系，但染色深度随着真空度的增加而增大，说明木材染色前进行真空处理，可减少木材细胞腔中的空气压，进而减少染色液渗透阻力，增大渗透深度。对较厚木材以径向渗透为主，弦向渗透稍慢，这跟木材的结构有关，径向又因木射线及纹孔等结构较比弦向利于渗透。三种木材的渗透性有明显差异，杨木的渗透性最好，杉木次之，泡桐最差。主要原因在于杨树木材的胞腔侵填体少，抽提物少，孔道通畅；杉木较杨木的稍差；泡桐细胞内侵填体多，内含物含量高，孔道多处于堵塞状态，染色前期抽真空效果不理想，渗透性很差。

6.1.2.2 渗透剂对木材染色深度的影响

从图 6-1 可知，渗透剂对三种木材的染色渗透深度均有促进作用，以杨木、杉木比较明显，对泡桐也有一定影响，渗透能力均随着渗透剂的浓度提高而增大，且杨木、杉木较比泡桐木材更为明显，主要原因在于 PTCH 渗透剂含有表面活性剂、浸提试剂等成分，有利于溶通木材内部通道、降低木材表面张力，提高染色液润湿性能。渗透剂对三种木材的渗透性提高有一定差异，泡桐木材渗透能力改进不如杨木、杉木好，对比杨木渗透剂的浓度 1%，杉木 1.25%，泡桐的要更高，主要是由于泡桐内部的孔道不如杨木、杉木通畅，另外泡桐木材细胞内部侵填体、抽提物含量比杨木、杉木都高，短时间很难将内含物大量溶出或打通细胞之间的通道，故需要渗透剂的含量要高。

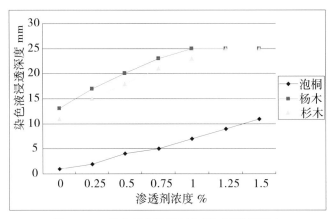

图 6-1　三种木材在渗透剂作用下的渗透深度

6.1.2.3 木材含水率对木材染色深度的影响

从图 6-2 显示可知，三种木材的染色深度均随着含水率的增大渗透深度而减少，三种木材渗透深度下降趋势明显，杨木跟杉木稍陡，泡桐木材稍缓，这是因为杨木、杉木细胞内含物少，侵填体含量低，在木材干燥过程中，在木材水蒸气压力及木材干燥应力作用下，木材木射线及纹孔等孔道容易打通，另外，含水率低的木材，木材内部对染色溶液阻力也低，染色液容易浸入木材，相应地含水率高的木材对染色液浸入阻力大，渗透深度就浅。从图中曲线可知，杨木渗透深度最深，杉木次之，泡桐木材渗透最浅，这是由三种木材本身特性造成的，杉木的冷热水抽提物高于杨木，泡桐木材是三种木材中内含物最高的，细胞内侵填体多，内部抽提物含量高，木材的纹孔、孔道多处于阻塞封闭状态，即使是干燥过程中，孔道打开的程度也有限，故渗透深度最浅。

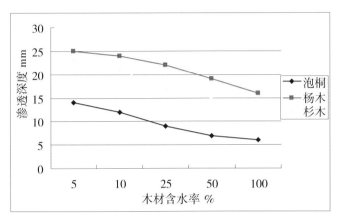

图6-2 含水率对木材染色深度的影响

6.1.2.4 浸染时间对木材染色深度的影响

从图6-3浸染时间与染色深度的曲线可知，染色深度跟浸染时间有直接关系，随着浸染时间的增加，染色深度几乎呈直线增加，杨木与杉木曲线斜率较大，杨木浸染速度最快，杉木次之，泡桐最慢，说明杨木、杉木这两种木材渗透性较好，随着时间的延长，渗透效果明显，这与杨树、杉木的细胞结构有关，另外细胞内含物少，孔道通畅，染色液容易进入到木材内部，而泡桐细胞内部侵填体较多，细胞内含物高，且干燥后纹孔几乎处于封闭状态，染色液不易浸染到细胞内部，使得染色液在木材内部移动缓慢，这也与以往学者研究发现的干燥后的泡桐木材耐腐性增加的结论一致，主要原因就是水溶液不易进入到木材内部，水分不易扩散。

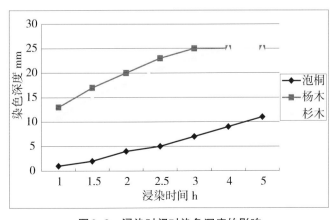

图6-3 浸染时间对染色深度的影响

6.1.2.5 木材染色工艺中的木材预处理真空度、PTCH渗透剂、浸染时间、含水率等影响因子实验结果方差分析

通过正交实验结果方差分析表6-3得知，真空度A、浸染时间达到极显著水平，说明二者影响最大；渗透剂B及含水率D两因素及四因素间的交互作用也达到了显著水平，对木材染色深度影响明显。

表6-3　方差分析表

方差来源	平方和	自由度	平均平方和	F	显著性
A	9010	2	4505	7150.8	***
B	448	2	224	355.6	**
A×B	1719	4	429.75	682.1	**
C	2376	2	1188	1885.7	***
A×C	1812	4	453	719.0	**
B×C	465	4	116.25	184.5	**
D	624	2	312	495.2	**
A×D	26	2	13	20.6	*
B×D	248	2	124	196.8	**
C×D	142	2	71	112.7	**
误差	68	108	0.63		
总计	16938	134			

$F_{(2, 100)}(0.05)=3.09$，$F_{(2, 120)}(0.05)=3.07$，$F_{(4, 100)}(0.05)=2.46$，$F_{(4, 120)}(0.05)=2.45$，$F_{(2, 100)}(0.01)=4.82$，$F_{(2, 120)}(0.01)=4.79$，$F_{(4, 100)}(0.01)=3.51$，$F_{(4, 120)}(0.01)=3.48$

6.1.3 结论

对染色较厚的木材，抽真空对染色有极显著促进作用，随着真空度的增加，可以明显提高染色深度；不同材种木材，染色深度差异较大，杨木染色速度快，渗透深度大，杉木次之，泡桐木材渗透最差，染色深度浅。同种木材的径向染色液渗透速度快，弦向较慢。

含有表面活性剂及浸提成分的渗透剂PTCH有利于显著降低木材表面张力、溶通木材内部通道、提高染色液润湿性能。浸染时间对染色深度有极显著影响，随着浸染时间的增加，染色深度几乎呈直线增加，杨木与杉木直线斜率较大，杨木浸染速度最快，杉木次之，泡桐最慢。染色深度均随着含水率的增大渗透深度而减少，三种木材渗透深度下降趋势明显，杨木跟杉木稍陡，泡桐木材稍缓。

6.2 泡桐木材表面涂饰

6.2.1 材料与方法

6.2.1.1 试验材料

试材：兰考泡桐（*Paulownia elongata*），取自兰考县固阳镇，10株，树龄16年，主干高7 m，平均胸径49 cm。取去掉原木根部的主干材，前期处理后加工成1800 mm×100 mm×10 mm 规格的墙壁板。

素板：泡桐木材经防变色处理、未加任何涂料涂饰的墙壁板样品。

涂料：醇酸清漆品牌：紫荆花，叶氏化工集团有限公司；木蜡油品牌：切瑞西，上海切瑞西化学有限公司；聚氨酯清漆品牌：大宝，东莞大宝化工制品有限公司；以上油漆涂料均在郑州当地建材装饰市场采购。

6.2.1.2 试验仪器与方法

1. 试验仪器

天平：型号YP1002N，精度为0.01 g。

测色仪：型号为CR-400，柯尼卡美能达（中国）投资有限公司。

2. 试验方法

方法：透明涂饰新老工艺采用对照法，素板、新老工艺各采用20块板材对照，每块板样均匀分布测定5个点颜色色差，然后计算均值。待漆膜干后置于室内一年，用以观察耐光色牢度。

老工艺：按照表面清洁、打磨砂光、打腻子、砂光、底漆、面漆，漆种分别为常用的木蜡油、醇酸清漆。

新工艺：工艺按照表面清洁、打磨砂光、封闭底漆、面漆，漆种分别为醇酸清漆、木蜡油。

仿珍贵木材涂饰：针对聚氨酯清漆涂饰，采用$L_{18}(3^7)$设计，见表6-4，考虑色精、面漆、老化时间及交互作用因素，每因素3个实验水平，每个水平试验采用20块板材，每块板样均匀分布测定5个点颜色，筛选最佳实验工艺参数。设计8种珍贵木材色调，每个色调选择色差均一的10片墙壁板用做涂饰材料，每片墙壁板涂饰后随机选取5个点测试颜色，3次重复、共计150个样点，对其进行颜色检测。

表6-4　仿珍贵木材（樱桃）试验设计$L_{18}(3^7)$7因素3水平

因素水平	A色精用量（g/㎡）	B面漆用量（g/㎡）	C老化时间（月）
1	7	33	6
2	11	37	12
3	15	41	18

分析方法：采用Excel对数据进行整理，用SPSS软件选择LSD法对测试结果进行多重比较分析。

6.2.2 结果与讨论

6.2.2.1 新旧涂饰工艺对泡桐木材色泽的影响

表6-5　透明色调涂饰新老工艺比较

项目	漆种	明度	偏差	变异系数%	总色差	偏差	变异系数%
素板		76.11	1.69	2.22	24.81	1.62	6.55

续表

项目	漆种	明度	偏差	变异系数%	总色差	偏差	变异系数%
老工艺	醇酸漆	63.19	4.88	7.72	39.31	4.18	10.63
	木蜡油	66.64	4.22	6.33	37.51	3.53	9.41
新工艺	醇酸漆	67.81	1.41	2.07	38.37	1.38	3.59
	木蜡油	72.05	1.50	2.08	31.41	1.73	5.51
新旧差异	醇酸漆	4.62 ↑	−3.47 ↓	−5.64 ↓	−0.94 ↓	−2.80 ↓	−7.04 ↓
	木蜡油	5.41 ↑	−2.72 ↓	−4.25 ↓	−6.10 ↓	−1.80 ↓	−3.89 ↓

通过表6-5可以看出，醇酸清漆和木蜡油采用新老工艺涂饰后，木材亮度均有下降，总色差提高，色度指标劣化，但采用新工艺涂饰明度下降较少，醇酸清漆和木蜡油的比老工艺分别高4.62和5.41，偏差分别低3.47和2.72，变异系数分别低5.64%和4.25%；新工艺总色差比老工艺的分别低0.94和6.10，偏差分别低2.80和1.80，变异系数分别低7.04%和3.89%，新工艺效果明显好于老工艺。

反映到视觉效果方面，用老工艺涂饰后，泡桐板材整体色感不均，颜色深浅不一，特别是在年轮结合处早材与晚材色差变化明显，这很可能与泡桐木材是半环孔材、泡桐木材密度低、孔隙率大有关。兰考泡桐密度虽然密度适中，但也只有 0.25 g/cm³，传统涂饰工艺是涂饰前要进行打腻子添堵管腔，因泡桐木材不同部位空隙不一致，导致腻子附着量分别不均，造成木材油漆涂饰后的反光率不一致，故看起来泡桐材不同部位颜色深浅、色调不一。

针对泡桐木材密度低、孔隙率大的特性，本研究不用打腻子添堵孔腔，而使用封闭透明底漆进行封堵的新工艺，实验效果明显。新工艺透明涂饰对木材色度指标影响较小，基本不改变木材本身色调，其视觉效果是泡桐板材颜色均匀一致，不会出现色差大、色调深浅不一的缺陷。

由表6-6和SPSS分析结果可看出，新工艺透明涂饰其色度指标与老工艺相比有极显著改进，木材纹理清晰自然，涂饰色差小，色调饱满，这主要得益于使用封闭型涂饰底漆，其封闭效果好，使用量少，渗入木材量小，不会像腻子那样含有一些无机矿物质成分，因其在不同木材部位附着量不一致，进而对光的吸收与反射不一致形成色差，基本保持木材原有色调。与置于室内一年的样品板进行比较，未发现材色有明显变化。

表6-6　泡桐板材涂饰效果分析

因变量	平方和	自由度	均方	F	Sig.	显著性
亮度	303024.99	15	20201.67	5404.88	0	**
误差	2930.34	784	3.74			
变红度	82972.75	15	5531.52	6899.03	0	**
误差	628.60	784	0.80			
变黄度	41544.84	15	2769.66	2411.95	0	**

因变量	平方和	自由度	均方	F	Sig.	显著性
误差	900.27	784	1.15			
总色差	276690.68	15	18446.05	6673.38	0	**
误差	2167.07	784	2.76			
白度	268293.54	15	17886.24	5488.78	0	**
误差	2554.81	784	3.26			

注：*—差异显著；**—差异极显著。

6.2.2.2 仿珍贵木材色调涂饰效果分析

表6-7　珍贵木材色调涂饰正交优选试验结果分析

Item	A	B	AxB	C	AxC	EMP	Err
K1	430.05	436.84	433.51	437.37	439.67	437.63	437.19
K2	425.87	431.08	439.73	436.42	436.42	436.18	438.33
K3	454.82	442.82	437.5	436.95	438.22	436.93	435.22
Ave K1	71.68	72.81	72.25	72.90	73.28	72.94	72.87
Ave K2	70.98	71.85	73.29	72.74	72.74	72.70	73.06
Ave K3	75.80	73.80	72.92	72.83	73.04	72.82	72.54
R	4.82	1.96	1.04	0.16	0.54	0.24	−0.19
SS	4.5343	0.6382	0.1839	0.0042	0.0491	0.0097	0.0458
Fr.d. f	2	2	4	2	4		3
MS	2.2672	0.3191	0.0460	0.0021	0.0123		0.0153
F	1133.59	20.88	3.01	0.14	0.80		
Sig.	**	**	*	ns	ns		

注：$F_{0.10}(2, 17)=2.64$ $F_{0.10}(4, 17)=2.31$ $F_{0.05}(2, 17)=3.59$ $F_{0.05}(4, 17)=2.96$

*—差异显著；**—差异极显著；ns—差异不显著。

表6-8　8种色调涂饰验证结果

色调	明度	偏差	变异系数%	总色差	偏差	变异系数%
茶青	31.90	1.03	3.24	64.35	0.71	1.10
红木	28.36	0.62	2.17	70.48	0.22	0.31
胡桃	28.09	0.80	2.86	66.89	0.72	1.07

续表

色调	明度	偏差	变异系数%	总色差	偏差	变异系数%
琥珀	33.78	0.73	2.16	71.93	0.37	0.51
梨木	35.86	0.82	2.28	67.97	0.34	0.50
乌木	32.93	1.20	3.63	63.77	0.85	1.34
橡木	44.22	1.03	2.32	64.57	0.40	0.61
樱桃	31.35	0.68	2.18	70.32	0.31	0.43

　　木材色泽主要决定于总色差，其变异系数越小，说明木材不同部位颜色趋向一致，表面色感均匀，不会出现深浅不同的色调。板材油漆涂饰效果关键决定于色调轻重，用量多少，颜色是否均一。仿珍贵木材色调涂饰正交试验见表6-7，由此看出：色精、面漆涂饰量对漆膜色差影响达到极显著，交互作用达到显著水平，时间老化对漆膜影响未达到显著水平，色精、面漆涂饰量均是试验水平2的效果好，最佳涂饰工艺组合为$A_2B_2C_2$，即色精涂饰量11 g/㎡，面漆涂饰量为37 g/㎡。

　　8种珍贵木材色调验证试验结果见表6-8，研究表明：应用新工艺涂饰法进行仿珍贵木材涂饰效果好，色差偏差小，色度均一，颜色稳定，即使色调变化最大的乌木的明度变异系数也仅有3.63%，总色差变异系数是1.34%，比老工艺的色调指标要好很多，证明新工艺适合泡桐木材仿珍贵木材涂饰。

6.2.3 结论

　　醇酸清漆和木蜡油采用新老工艺涂饰后，木材亮度均有下降，总色差提高，色度指标劣化，但采用新工艺涂饰明度下降较少，醇酸清漆和木蜡油比老工艺分别高4.62和5.41，偏差分别低3.47和2.72，变异系数分别低5.64%和4.25%；总色差新工艺比老工艺分别低0.94和6.10，偏差分别低2.80和1.80，变异系数分别低7.04%和3.89%，新工艺效果明显好于老工艺。

　　用醇酸清漆和木蜡油采用新工艺涂饰，用封闭底漆替代腻子封底，对木材色度指标影响较小，基本不改变木材本身色调，木材涂饰泡桐板材颜色均匀一致，不会出现色差大、色调深浅不一的缺陷。SPSS分析表明，新工艺透明涂饰其色度指标与传统工艺相比有极显著改进。这主要得益于使用封闭型涂饰底漆，其封闭效果好，渗入木材量小，使用量低，不会像传统腻子那样含有一些无机矿物质成分，因不同木材部位附着量不一致，导致对光的吸收与反射不一而出现色差偏高。

　　仿珍贵木材色调涂饰正交试验表明：色精涂饰量11 g/㎡、面漆涂饰量为37 g/㎡可使桐材表面涂饰达到理想效果。8种珍贵木材色调验证试验表明：应用新工艺涂饰法进行桐材仿珍贵木材涂饰效果好，色差偏差小，色度均一，颜色稳定，即使色调变化最大的乌木的明度变异系数也仅有3.63%，总色差变异系数是1.34%，比老工艺的要低很多，新工艺涂饰适合泡桐木材仿珍贵木材涂饰。

第七章　泡桐木材表面强化

泡桐木材具有优良的物理特性，如体积胀缩系数小（0.269～0.371），尺寸稳定，不翘不裂，热传导率低（0.06～0.086），介电常数和介质损耗角正切小等。但与其他针、阔叶材相比，泡桐木材密度低（0.243～0.328 g/cm³），因此，力学强度差，如表面硬度、耐磨性很低，限制了泡桐木材的开发利用。要拓宽泡桐的利用途径，提高泡桐木材制品的等级，研究新产品，首先必须增强泡桐木材的力学强度性质，对泡桐木材进行改性处理。

泡桐木材的强化采用国际上较为先进的横向压密木材，低分子树脂固定压缩变形的方法。木材横向压密大变形不仅可以提高木材表面硬度、耐磨性及抗压强度等，而且不破坏木材自身的光泽、纹理及视觉特性，同时一些低分子树脂兼有耐腐、阻燃、耐候等作用。因此，这是保持木材固有品质，增强力学强度的一种先进的改性处理方法，可为拓宽泡桐木材用途，开发泡桐系列建筑装饰材料提供技术保证。

固定压密木材的变形是实现软质木材强化后物理力学性能能否稳定的关键，通常采用水、热和高分子树脂浸渍木材。用水、热处理，不仅木材回弹率高，木材颜色变化大，而且在涂料之前需要恒温恒湿保存；用高分子树脂处理木材，则由于分子量大，不易浸透木材，处理效果不佳。本研究方案，系采用自己合成低分子树脂透入木材，然后在高温热压过程中，使低分子树脂之间及木材发生化学交联作用，达到化学试剂固定变形的目的。

实验中所用的合成树脂，选用市场原料较多，生产中易于控制，并且是符合环境要求的热固类树脂。其中酚醛树脂，因带有颜色不宜选用，三聚氰胺—甲醛树脂色浅、耐水、化学性质稳定，兼有耐候、耐腐性能，因此，采用合成的改性低分子三聚氰胺—甲醛树脂（MF）为浸渍试剂。

7.1 试验材料及方法

7.1.1 试材

兰考泡桐（*Paulownia elongata*）10株，于1995年8月采于兰考县，树龄11年，树高13 m，胸径42 cm。

7.1.2 试样制作

木材抗胀（缩）率，阻湿率、溶胀效应、增重率及处理前测定密度用的试样，尺寸为20 mm×30 mm×20 mm（R×T×L）；处理后测试密度、耐磨性和硬度用的试样尺寸为20 mm×150 mm×55 mm（R×T×L），在木材的纵向每间隔80～100 mm，开3 mm宽、5 mm深的直形沟槽。

7.1.3 低分子树脂合成

以三聚氰胺和甲醛为原料（大试样试验可选用工业品）合成低分子树脂。三聚氰胺和甲醛的摩尔比为 M：F=1：2.5～3，经混合搅拌均匀后，用 NH_3 或 8%NaOH 调至 pH 值 8～9 之间，然后移至带有电动搅拌装置、回流冷凝管和温度计的三口烧瓶中，加入适量的稀释剂，并加入改性剂 1（其用量为反应物重量的 10%～15%）。将三口烧瓶置于 70℃恒温水浴锅中，5～10 min 加热反应液至 70℃，恒温搅拌反应 10 min，使甲醛与三聚氰胺发生加成反应。然后用 12%HCL 调制 pH 值至 5.5，加入改性剂 2 和 3（其用量为反应物重量的 25%～30%），继续搅拌 5 min，进行醚化反应。停止反应，用 10%$NaHCO_3$，调至中性，在 40～45℃条件下减压蒸馏，去除水分，得到低分子 MF 树脂，其数均分子量约为 350～380，减压蒸馏前比重为 1.17～1.25（20℃）。

加入改性剂的目的是增加三聚氰胺-甲醛树脂的塑性，减少脆性，即降低树脂分子量，减少立体交联度。本实验采用内增塑剂，内增塑剂可选用氨基、亚氨基（如双氰胺、己内酰胺、三乙醇胺、对甲苯硫酰胺、硫脲等）和多基醇类（如乙二醇，1，2-丙二醇，葡萄糖等）本实验中采用多元醇做内增塑剂。

7.1.4 泡桐木材的压密前处理

将 20 mm×30 mm×20 mm（含水率 13.32%）的气干试样于 105℃的烘干箱中放置 24 h，取出后在室温干燥器中放置 20 min，取重量，测量体积。然后放于具有减压装置的处理器中，减压 1 h（30 mmHg），再用低分子树脂液浸渍试样 6 d，低分子树脂的浓度分别为 2%、4%、6%、10%、15%、25%。表面压密大块试样的浸渍，以 10%的分子树脂液浸至表面开槽深度为止，并常温浸泡 4 d。浸渍后，木材试样置于室温下气干 24 h，然后在 50℃的温度下，烘干 6 h，使含水率达到 15%～20%，准备进行热压处理。

采用同样方法处理 20 mm×100 mm×100 mm 的耐磨性试样。试样取出后，经过烘干，准确称重。20 mm×30 mm×20 mm 的体积试样则置于相对湿度为 65% 的小容器内，在 20℃条件下放置一周，进行吸湿试验。

7.1.5 热压处理

将处理过的试样进行热压，热压温度为 150℃，热压时间 1 h，压缩率为 50%～55%。

7.1.6 压密木材的物理性能参考测定

7.1.6.1 尺寸稳定性测定

为了定量表征压密处理后泡桐木材尺寸稳定性变化，分别测定了处理木材的抗胀（缩）率（ASE）、增重率（WPC）、溶胀率（BE）。

$$抗胀（缩）率 ASE = \frac{Vc-Vt}{Vc}$$

式中：Vc—未处理木材的体积膨胀（收缩）率

Vt—处理材的体积膨胀（收缩）率

$$溶胀率 BE = \frac{Vc-Vt}{Vc}$$

式中：Vc—未处理材的绝干体积

Vt—处理材的绝干体积

$$增重率 WPC = \frac{Wc-Wt}{Wc}$$

式中：Wt—处理材的绝干重量

Wc—未处理材的绝干重量

7.1.6.2 力学强度及表面性能测定

木材表面硬度测定采用万能力学试验机，按国家标准木材材性检测方法，测弦面硬度，使用10 mm直径钢球，速度0.5 mm/min，深度0.32 mm。

木材表面耐磨度测定将试样于温度20 ℃，相对湿度为65%的容器中放置一周。取出后用耐磨度测定仪测定耐磨度。旋转盘数为60±2 r/min，研磨总转数500 r。

7.1.6.3 压密木材的恢复度测定

最终恢复实验：将试样浸入20 ℃水中，每45 min增加10 ℃水温，直到升至98 ℃。然后在98 ℃水中保持300 min，测定每一间隔的试样径向厚度。

$$WPC = 溶胀率 BE = \frac{Tr-Tc}{To-Tc}$$

式中：Tr—回弹后试件的厚度

Tc—压缩后试件的厚度

To—压缩前试件的厚度

7.2 试验数据分析与讨论

7.2.1 体积稳定性分析

随着MF树脂浓度变化，增重率和溶胀率的变化如图7-1和7-2所示，图中可见处理木材的增重率随MF树脂浓度的增加而成比例加大，但是溶胀率与MF树脂浓度不成线性相关，最大的溶胀率在6～6.5之间，实验数据表明，化学试剂仅填充细胞壁理论空隙的约60%～70%。由于随着MF树脂浓度增加，增重率增加，而溶胀率不增加，证明过量的MF树脂存在于细胞腔中。

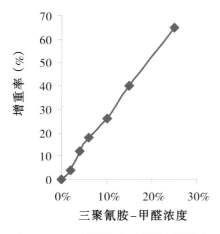

图7-1　MF树脂浓度对增重率的影响

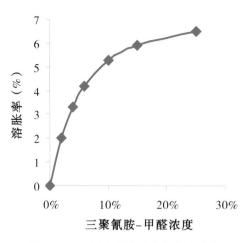

图7-2　MF树脂浓度对溶胀率的影响

与溶胀率相似，抗胀（缩）率与MF树脂的浓度也无线性相关，见图7-3。即在树脂浓度达到约10%时，抗胀（缩）率达到30%～35%，再增加树脂浓度时，抗胀（缩）率增加很少。这表明，像溶胀作用一样，树脂在细胞壁中作用量有一极限，具有抗胀缩和溶胀作用的是进入细胞壁中的化学试剂。

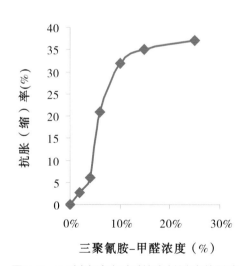

图7-3　MF树脂浓度对对抗胀（缩）率的影响

图7-4所示，经压密改性处理的泡桐木材，其硬度随MF树脂浓度的增大而明显提高。主要原因是压密后的木材经树脂固化，使木材的密度大大提高，强度随之得以改善。

由图7-5可见，经树脂改性处理的木材随处理夜浓度的提高，重量损失率降低，即耐磨性提高。其主要原因是经改性后的木材，树脂与木材组分发生交联反应，纤维间的结合力增大。

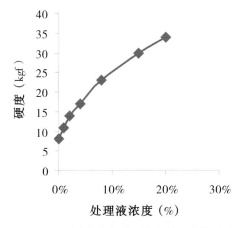

图7-4　MF树脂浓度对压缩木材硬度的影响

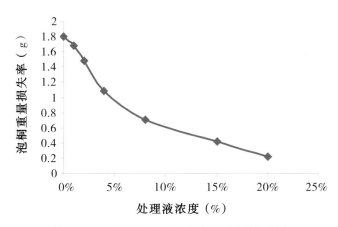

图7-5　MF树脂浓度对压密木材耐磨性的影响

7.2.2 压密木材的恢复度分析

图7-6所示，不同浓度的MF树脂处理试样随浸泡水温度的上升，其恢复度的变化情况（压密时间1h，温度150℃，压缩率50%）。图中可见，采用2%、4%浓度树脂处理的试样随水的温度上升，回弹较快，在沸水中回弹65%~75%；用6%、10%浓度树脂处理的试样在沸点之前回弹很小，沸点之后随时间延长，回弹升高。15%和25%浓度树脂处理的试验，无论在沸点之前或之后，始终回弹很小。低浓度树脂不能稳定压缩变形的原因是，木材细胞壁中少量的低分子树脂分布，不易发生树脂之间的交联反映，因而使变形性加大。

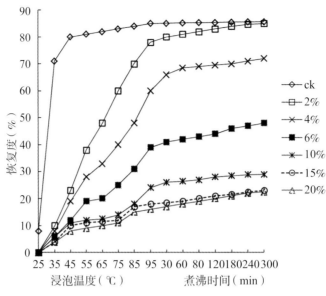

图7-6　MF树脂处理压密试样的恢复度变化

　　为了确定压缩木材恢复度与抗胀（缩）率、树脂浓度之间的关系，我们对恢复度和抗胀缩率进行了分析，进一步证实，只有细胞壁中的充胀才具有增加体积稳定性作用，才能保持压缩变形，所以可以把抗胀（缩）率最大时的树脂浓度作为处理液的浓度，而不应该以增重率作为适宜的浓度标准。当树脂浓度达到一定程度后，再使其增加，会有大量的树脂沉积在细胞腔中，而木材的抗胀（缩）率性能指标提高并不明显，但使处理成本提高，因此试验中6%～10%树脂浓度为宜。

　　对于木材表面压密试样，为了使此方案能适用于生产，我们选择试样的尺寸为20 mm×150 mm×550 mm（R×T×L），并进行了表面开槽，槽宽3 mm，槽深5 mm，用10%树脂处理，使液面刚好浸垂槽底，以此促进树脂液面流动，然后进行热压固化。热压后试样尺寸基本可以稳定，但试样在压缩前含水率应保持在10%～20%，如含水率过高，热压时试样易鼓泡开裂；过低则影响树脂与木材的交联。如预干燥温度应保持在40～50 ℃。

7.3 结论

7.3.1 泡桐压密实验结论

泡桐木材可用横向压密、化学试剂固定变形的方法，提高木材的各项物理性能参数。

7.3.2 泡桐压密树脂浓度

泡桐木材的压密变形可用低分子三聚氰胺－甲醛树脂固定变形，合适的树脂浓度为6%～10%。

7.3.3 压密定型工艺参数

压缩变形的热压温度为140 ℃～150 ℃，时间1 h，压缩率可根据实际需要以及木制品的表面强度进行调整。

7.3.4 压密效果提升方法

表面开槽法，可提高液体浸入表面深度，同时可减少树脂使用量，并能控制为表面压密。

第八章 桐木木基金属复合材料

随着科学技术和电子工业的发展，各种电气、电子设备广泛应用造成的电磁污染，已被公认为继大气污染、水污染、噪声污染的第四大公害。电磁波引起的电磁干扰（EMI）与电磁兼容（EMC）问题不仅会干扰电气设备，也会对人体健康带来严重的威胁，此外由于电磁波泄露引起的信息安全问题，直接威胁到国家的政治、经济、军事的安全。因此如何减少电磁辐射强度，防止电磁辐射污染，保护环境，保护人体健康，已急迫地提到议事日程。

电磁屏蔽和电磁兼容技术是国际上发达国家最前沿的高新技术之一，电磁辐射污染已引起世界各国的重视，欧美等国对电磁辐射设备的选址和辐射强度都有严格的规定，不能满足相关电磁标准的设备不允许销售。许多国家都发布了电磁辐射的标准和规定，如德国电气技术协会VDE、美国联邦通讯委员会FCC、英国BS6527和日本VCCI等，国际无线电干扰委员会CISPR也制定了抗电磁干扰的国际标准，供各国参照执行。我国也颁布了一些行业性的电磁辐射防护规定，如《电磁辐射防护规定》《微波和超短波通信设备辐射安全要求》等，进入20世纪90年代以来，电磁辐射的危害已引起我国政府的重视，我国于1998年推行了电磁兼容EMC标准，从2000年开始强制执行。

电磁屏蔽材料是防止微波辐射较为有效的方法，其将电磁能量吸收转化成热能，阻断电磁波传播，金属、石墨、活性炭等都是良好的抗电磁辐射材料。而木质电磁屏蔽材料是以木质单元为主体，通过与其他材料单元（合成高聚物、金属、非金属等）复合而成的电磁屏蔽复合材料，具有遮挡和吸收电磁波的功能，可防止电磁信号的泄露和外部电磁干扰。

8.1 电磁辐射

任何交流电在其周围都要形成交变的电场，交变的电场又产生交变的磁场，交变的磁场又产生交变的电场，这种交变的电场与交变的磁场以相互垂直，以源为中心向周围空间交替的产生而以一定速度传播称为电磁辐射。

电磁波有各种不同的频率，频率越高，其辐射传播能力越强。电磁辐射一般指频率为$3 \times 10^2 MHz \sim 3 \times 10^5 MHz$，其相应波长为$1 m \sim 1 mm$的电磁波。从电磁辐射频谱中可以看出，上述长波范围处在非电离辐射区。过去对于非电离辐射区的危害与防护问题不被人们重视，随着大功率电子设备及电子通信的迅速发展，使非电离辐射源日益增加，它们发出的高能量的电磁波对环境及人们的身体健康产生了巨大的负效应。

在发射源远处，只有当频率相当高时，其辐射强度才能造成显著的危害。通常30MHz～3GHz的电磁波对人体的危害最大，电磁波的波段划分见表8-1。

表8-1 电磁波的波段划分

	名称Name	波长Wavelengh	频率Frequency
高频High frequency	长波Long wave	3km～1km	100KHz～300KHz
	中波Medium wave	1km～100 m	300KHz～3MHz
	短波Short wave	100 m～10 m	3MHz～30MHz
超高频Ultrahigh Frequency	超短波Ultrashort	10 m～1 m	30MHz～300MHz
微波Microwave	分米波Decimeter wave	1 m～10 cm	300MHz～3GHz
	厘米波Centimeter wave	10 cm～1 cm	3GHz～30GHz
	毫米波Millimeter wave	1 cm～1 mm	30GHz～300GHz

8.1.1 电磁辐射的种类

电磁辐射按其来源途径分为天然型和人工型两大类。天然型电磁辐射是由某些自然现象所引起的，最常见的是雷电、火山喷发、地震及由太阳黑子活动引起的磁暴等。人工型电磁辐射产生于人工制造的若干系统、电子设备和电气装置。主要有以下几类来源：

（1）广电设备与电讯设备：广播电视发射塔、微波通讯站、地面卫星通信站、寻呼通信基站等。这些设备大功率定时或不定时发射。

（2）工业用电磁辐射设备：主要有高频炉（包括高频感应炉、高频淬火炉、高频熔炼炉、高频焊接炉及电子管的排气、烤消、退火、封接、钎焊，半导体的外延、区熔、拉单晶等）、塑料热合机（包括高频热合机、塑料焊接机等）、高频介质加热机、高频烘干机、高频木材烘干机、高频杀菌设备、高频溅射设备、微波破碎机、放电加工机床、各种类型电火花加工设备等。

（3）医疗用电磁辐射设备：主要有高频理疗机、超短波理疗机、紫外线理疗机、高频透热机、高频烧灼器、微波针灸设备等。

（4）科学研究及其他用途的电磁辐射设备：主要有电子加速器及各种超声波装置、电磁灶等。

（5）电力系统设备：包括发电厂、高压输配电线、变压器以及数以千计的电动机等。

（6）交通系统设备：包括电气化铁路、轻轨及电气化铁道、有（无）轨电车等。

（7）各类家用电器：包括电子闹钟、吹风机、微波炉、电视机、电冰箱、计算机、空调和电热毯等。

工业、科研、医疗高频设备将电能转换为热能或其他能量加以利用，但伴有电磁辐射的产生并泄漏出去，引起工作场所环境污染。

现在环境中的电磁辐射主要来自人工，天然辐射的水平较之人工辐射已可以忽略不计，而调频广播和电视发射台等射频电磁辐射已成为电磁污染的主要因素。

8.1.2 电磁辐射的传播途径

（1）导线传播：在电子电路中，导线如同人的血管不可缺少。当射频设备与其他设备共同一个电源或者它们之间有电气连接时，那么电磁能量就通过导线进行传播。另外，信号的输入，输出电路，控制电路等也在强磁中"拾取"信号，再将"拾取"的信号进行传播。

（2）空间传播：当电子、电气设备工作时，它会不断地向空间辐射电磁能量。空间辐射又可分为两种。一种是以场源为中心，半径为1/6波长范围之内的电磁能量的传播，以感应耦合方式为主，将能量施加于附近的物体或人体上；另一种是在半径为1/6波长范围之外的地方，电磁能量的传播是以空间放射方式将能量施加于敏感元件或人的身体上。

（3）同时存在空间传播与导线传播造成的电磁辐射污染，称为复合传播的污染。

8.1.3 电磁辐射的危害

各种产生电磁辐射设备的使用，使环境中电磁辐射水平增高，会造成电讯障碍、干扰，并对人体健康产生危害。

①对电器设备的影响 电磁辐射会干扰通讯从而造成通讯障碍，对通讯质量产生影响；影响精密仪器的性能，引起爆炸，造成医疗事故（如手机可以使1m以内的心脏起搏器停机），使飞机不能正常起飞或降落；影响收音机和电视机，使之在某些频道不能正常收听、收看等等，从而带来大量的经济损失。强的电磁辐射对导弹制导、弹体的引爆、火药的燃爆等发生事故危及人身和财产安全。

②对人体健康的影响 科学家已经发现人体暴露在强电磁场中会出现一些有害效应，其中包括白内障、体温调节响应的过荷、热损伤、行为形式的改变、痉挛和耐久力下降。并把电磁辐射引起的危害按机理分为两大类：热效应和非热效应。

热效应：如果电磁辐射能量吸收速率很慢，人体经过自身的热调节系统把吸收的热量散发出去，就不致引起机体升温而产生相伴的热效应。反之，若能量吸收过快，人体自我热调节机制不能及时把吸收的热量散发出去，就会引起体温升高，继而出现热效应。当功率密度大于$100\,mV/cm^2$时，将出现热效应。

非热效应：在许多情况下，人们吸收的电磁辐射能似不足以引起体温升高，但仍出现许多症状。这类效应大致可以解释为：电磁辐射作用于人体神经系统，影响新陈代谢及脑电流，使人的行为及相关器官发生变化，并进而影响人体的循环、免疫及生殖系统和代谢功能，严重的甚至会诱发癌症。微波辐射比长波和中、短波辐射严重，其生物效应主要是机体把吸收的射频能转换为热能，形成由过热而引起的损伤。若长期生活在电磁辐射污染的环境中，会出现乏力、记忆力减退为主的神经衰弱症候群的心悸、心前区疼痛、胸闷、易激动和月经紊乱等症状。

8.1.4 电磁辐射的防治

国家颁布的《中华人民共和国环境保护法》、国家环境保护总局18号令《电磁辐射环境保护管理办法》、GB8702-88《电磁辐射环境防护规定》等相关的法规，除加强对现有电磁辐射污染源的管理外，对新建、扩建的电磁设备严格按环境管理程序进行申报、登记、环境评价和验收。开展电磁辐射污染环境监测，确定重点电磁辐射污染源，掌握环境电磁辐射容量，为环境管理提供依据。

在环境电磁辐射监测的基础上，科学合理规划通讯、广播电视发射台站布局，防止电磁辐射污染；制定产品电磁辐射限值标准加强产品检测；加强对电磁辐射污染危害及防范的宣传，提高全民对环境电磁辐射污染的认识和自我防范措施。

另外，为了防止电磁辐射造成的干扰与泄露，采用电磁屏蔽材料进行电磁波屏蔽也是主要的防范方法之一。电磁屏蔽材料能有效地抑制通过空间传播的各种电磁波及由此产生的电磁干扰及电磁辐射，提高电子系统和电子设备电磁兼容性，保证信息的安全。加强这方面的研究将为治理电磁辐射污染拓展新方向。

8.1.4.1 电磁屏蔽的原理

电磁屏蔽的作用是利用屏蔽体的反射、吸收、衰减等减弱辐射源的电磁场效应。用屏蔽效能SE（Shielding Effectiveness）来评价屏蔽材料的屏蔽性能，根据Schelkunoff电磁屏蔽理论的反射与吸收机理，屏蔽效能分为反射消耗、吸收消耗和多重反射消耗（图8-1），用公式表示为：

$$SE = A + R + B \tag{1.1}$$

式中A为吸收损耗，$A = 1.31t(f\mu_r\sigma_r)^{1/2}(dB)$

B为电磁波在屏蔽材料内部的多重反射损耗，$B = 20lg(1-e^{-2t/\delta})(dB)$

R为电磁波的单次反射衰减，$R = 168-10lg(\mu_r f/\sigma_r)(dB)$

μ_r为材料相对磁导率，σ_r为材料相对电导率，f为电磁波的频率，t为材料厚度，δ为电磁波透过材料的深度$\delta = (\pi f\mu\sigma)^{1/2}$

通常A>10dB时，B部分可以忽略，电磁屏蔽SE可表达为：电磁波可分解为相互垂直的电场和磁场，辐射源可分为近区的电场源、磁场源和远区的平面波，其电场分量和磁场分量有很大差异。同一种屏蔽材料，对于不同类型的电磁波，屏蔽效能不同。一般电场波容易屏蔽，磁场波难屏蔽；材料的导电性和导磁性越好，屏蔽效能好。吴世伟等运用传输线理论模型分析并计算了分层对屏蔽效能的影响，对于非磁性导体的多层复合，屏蔽效能的变化数值不大；磁性材料的多层复合，屏蔽效果与分层数存在最佳匹配关系。

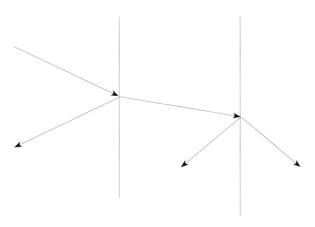

图8-1　电磁波的吸收与反射

8.1.4.2 电磁屏蔽的评价方法

电磁屏蔽效果常用屏蔽效能（Shielding effectiveness—SE）表示。屏蔽效能为没有屏蔽时入射或发射电磁波与在同一地点经屏蔽后反射或透射电磁波的比值，即屏蔽材料对电磁信号的衰减值，其单位用分贝（dB）表示：

$$SE = 10lg（屏蔽前入射功率密度 / 屏蔽后透射功率密度） \tag{1.2}$$

衰减值SE越大，表明电磁屏蔽效果越好。电磁波的能衰减率，在30dB时为99.9%，40dB时为99.99%，电磁屏蔽材料通常要求达到30～40dB。一般认为，对于大多数电子产品的屏蔽材料，在30～1000MHz频率范围内，其SE至少达到35dB以上，即为有效的屏蔽，具体分类标准见表8-2。

表8-2 电磁屏蔽效能的分类标准

屏蔽效能SE/dB	分类Classification
0	无 None
<10	差 Less
10~30	较差 Bad
30~60	中等 Middle
60~90	良好 Good
>90	优 Excellent

8.1.5 木基金属复合材料研究的目的和意义

随着计算机、家用电器、手机等的普及，人们受到电磁辐射的影响愈来愈大。电磁辐射危害人体的机理主要是热效应、非热效应和累积效应等。其原因是电磁波辐射人体后被人体皮肤反射或被人体吸收，容易造成对人体的伤害。早在60年代，美国、英国苏联就制定了一系列的防电磁辐射安全标准，并不断修改。我国1985年制定了军标GJB-84，1997年制定了国标GB4824-1996。1999年5月7日，国家环保局正式通报新闻界：应该警觉电磁辐射对环境的污染。电磁辐射已成为继水污染、大气污染、噪音污染之后的第四大公害。如何保护人体免受电磁波辐射的伤害，已成为世界科技界、医疗卫生界、环境保护界和企业界竞相研究开发的热门课题。许多国家制定出对策和标准。科学研究证明，只有屏蔽材料才能治理电磁波污染，才能消除静电危害。

另外，信息设备的电磁辐射还会产生信息泄露，造成不应有的损失。电磁屏蔽材料能有效地抑制通过空间传播的各种电磁波及由此产生的电磁干扰及电磁辐射，提高电子系统和电子设备电磁兼容性，保证信息的安全。加强这方面的研究将为木材提高产品附加值，以及开发木材新产品，拓展新方向。

木材一般被认为是绝缘体，不具有电磁屏蔽效能，但与导电材料通过适当方式复合后能获得一定的电磁屏蔽效能。木材和金属复合而成的新材料，综合了木材和金属各自的优点，不仅可以保持木制品特有的回归自然的表面装饰效果，同时赋予木材良好的电性能，有效地抑制通过空间传播的各种电磁波及由此产生的电磁干扰，提高电子系统和电子设备的电磁兼容性，保证人体、信息的安全，是实现木材高性能化和功能化、开发新材料、提高木材附加值的重要方法之一。木质电磁屏蔽复合材料因其独特的性能，具有巨大的开发潜力和广阔的应用空间。

磁控溅射具有低压溅射、高速沉积、高纯薄膜制备等特点，其膜质坚硬、均匀、耐磨、耐蚀、装饰、光学等性能，在塑料、陶瓷、金属制品表面镀膜已有应用。本研究中运用真空磁控溅射镀膜设备，使金属离子（原子）高速、均匀、低温沉积在经过处理的木材表面形成镀膜层，金属与木材结合强度高、镀层耐磨；镀膜工艺简易可行、成膜速度快、效率高，且在生产过程中不产生或排放有害的液体或气体，不污染环境。

制备具有良好力学性能且具有电磁屏蔽功能的木材符合社会需求，具有巨大的市场潜力。因此，如能实现机械化生产，降低生产成本，此类复合材料必将获得成功应用，带来巨大的经济效益。

8.1.6 木质电磁屏蔽材料国内外研究现状及评述

木材是自然界唯一可再生、可自然降解的生物材料。以木质单元为主体，通过与其他材料单元（合成高聚物、金属、非金属等）复合而成的木质电磁屏蔽复合材料，具有遮挡或吸收电磁波的功能，可防止电磁信号的泄露和外部的电磁干扰。目前，用于制造木质电磁屏蔽复合材料的导电物质有炭黑、碳纤维、石墨、金属粉末、金属纤维、金属箔、金属网、镀金属碳纤维、有机导电物质等。

8.1.6.1 国外研究现状

日本和美国在木材金属复合材料的研究开展的较早，获得了大量的数据，得到广泛应用，如航空航天、电子、建筑等领域。美国、德国自20世纪20年代就开始研究木材金属复合材料，主要是对武器的某些木制部件进行金属化处理，以加强其强度、耐磨性，提高部件使用寿命；进入60年代，美国加大木材金属研究力度，对木材纤维、刨花、单板及实木进行金属处理，方法有木粉或刨花与金属粉或碳纤维混合、木材与金属薄板沉积制板、金属对木材内部进行浸注等方法，工艺水平比以前大有提高，部分成果在70～80年代逐渐得以应用，但材料均质性差，性能不稳定，工业化程度低，产品电磁屏蔽效果不是很好。

20世纪80年代以来，日本学者对木材化学镀方面进行了大量研究。长泽长八郎等采用滴注电镀液的方式，使木刨花上形成导电的镍层，制得的刨花板具有较低的表面电阻率和体积电阻率，在10～600MHz的范围内，板材的屏蔽效能值大于30 dB，并随着镀镍刨花含量和单位压力的增大而提高。

化学镀不受材料形状及大小限制，在所有平面上均能获得均匀厚度。但是化学镀金材料在使用过程中，其镀层容易产生剥离，二次加工性能较差。采用化学镀金法对木材表面进行屏蔽处理时，还必须考虑所用金属镀层的屏蔽效果是否能够满足产品最终的使用要求。现阶段木材多数使用单一化学镀镍方法，无法满足某些特殊高科技尖端产品的要求，需要镀覆更厚的镀层或其他金属层。

加藤昭四郎采用胶合板与金属箔复合，制得的材料在30～50MHz频率范围内的SE值都大于30 dB，其中铜箔和铝箔复合的胶合板的SE值达50～80 dB，与铁箔复合的胶合板SE值达30～60 dB。

采用贴金属箔和金属网等方法制备表面导电型材料时，导电层除了贴在表层外，也可以夹在二层木材或者纤维之间，其特点是粘接牢度高、导电性能优良、屏蔽效果好，但不能制成形状复杂壳体材料。制备这类材料的关键在于提高金属导电层与木材或者木基复合材料之间的粘合力，通常采用改性胶粘剂的方法，使导电层与木材之间具有较好的粘结强度，从而达到使用的要求。

炭材料通常在无氧（氮气保护）的状态下烧制，炭化温度和升温速度对炭化材料的形态和电磁屏蔽效果有着很大的影响。Wang等在氮气保护状态下烧制6个不同树种的木炭，烧制温度为50～1100 ℃，测试其在1.5～2.7GHz频率范围内的电场屏蔽效能，结果发现：1000 ℃下木炭（厚8 mm）的SE值随着烧制温度的升高而提高，随着升温速度的增快而降低，并提出适宜升温速度在3 ℃/min以下。

8.1.6.2 国内研究现状

国内方面，主要分三大方向。一部分研究者倾向于采用铜网或不锈钢网插入木材中，经压制得到复合板材。张显权等采用在施胶纤维中加入铜丝网的方法制造木材纤维/铜丝网复合MDF，在9kHz～1.5GHz频率范围内，当在MDF双表面复合网目数＞60目的铜丝网时，其SE值可大于6O dB。研究显示，此法可有效地获得电磁屏蔽功能，而且，金属网层数和金属网的连续状态对屏蔽功能有显著影响。

另一部分研究者将导电材料通过胶粘剂与木质单元实现粘结，然后热压或冷压制成。傅峰等采用意杨单板为原料，将3种导电填料施加到UF胶中压制胶合板，结果发现，3种介质都能有效地提高胶合板的导电性，使胶合板的胶层面积电阻率降到100Ω以下。刘贤森以铜纤维为导电填料，加人UF树脂胶中压制落叶松胶合板，结果发现铜类纤维（长度9～10mm）施加量为120g/m^2、涂胶量为250和300 g/m^{2}时，胶合板的SE值能达到35 dB，已初具有实用价值。张显权等采用不锈钢纤维与木纤维复合压制MDF，结果表明：不锈钢纤维的施加比率及其在MDF中的复合位置，对复合MDF的SE值影响显著；当钢/木纤维混合比率为3∶1，并复合在MDF的双侧表面时，MDF的SE值可达55 dB以上。

还有一部分研究者则从多孔材料的研究入手，以新型多孔木质陶瓷为骨架，向其中碳化纤维素形成的三维互通孔隙中浸入导电、导热、塑性高的Al及其合金等，具有明显的、均匀的网络互穿结构的复合材料。结果表明，此类复合材料除了具有电磁屏蔽功能外，其导热性能和力学性能都得到明显改善。

近年来，国内在木材表面进行化学镀的研究也相对较多。黄金田等研究了木材单板和刨花化学镀镍工艺技术，并测试了镀镍单板、镀镍刨花所制得的木质电磁屏蔽材料的SE值，发现恰当的镀液成分和工艺参数可以得到理想的金属沉积速率和镀层；木材基体的预处理对木材化学镀镍层的含磷量、结晶化程度以及镀层的组织结构有显著的影响；化学镀镍单板的导电性具有各向异性，平行于纤维方向的表面电阻率要低于垂直于纤维方向的表面电阻率；用镀镍杉木刨花压制的刨花板，其SE值达到21.26～43.31dB（5kHz～1500MHz）。

8.1.6.3 研究评述

木材虽然一般被认为是绝缘体，不具有电磁屏蔽效能，但与金属通过适当方式复合后不仅可以保持木制品特有的回归自然的表面装饰效果及保温等性能，还能获得一定的电磁屏蔽效能，并提高其强度。现有的复合工艺主要有：

（1）在木质材料中混合或填充金属丝、金属粉末、碳纤维、膨胀石墨等导电物质。

（2）木质材料表面覆贴金属箔或金属板。

（3）对木质材料进行金属镀层处理。

上述3项工艺中，工艺（1）由于金属粉末或炭黑之间不连续，需靠增加用量才有效，但板材密度增加且不均匀；工艺（2）较可行，但使产品失去木材本色；工艺（3）成本高，工艺复杂。

因此，如能实现机械化生产，降低生产成本，制备出具有良好力学性能且具有电磁屏蔽功能的木质复合材料满足社会需求，必将获得成功应用，带来巨大经济效益。

8.2 木材真空镀膜的研究

国内外木材金属复合方式是对木材进行电解电镀、金属浸注、木材与金属粉或丝胶合，这些技术有的不能达到良好的电磁屏蔽效果，且存在金属的腐蚀、胶层的开裂等耐久性差的问题，生产过程中也易产生有毒气体、液体。有些技术工艺较为复杂，条件苛刻，成本高。

为了获取轻质高效能的电磁屏蔽材料，本文对木质板材进行了磁控溅射镀膜金属的研究，经过磁控溅射镀膜的木材具有一定的电磁屏蔽性能，且表面美观，膜质连续，耐磨高强，这对于开发新型抗电磁辐射功能木质复合材料具有十分重要的意义。

合理的磁控溅射镀膜体系是获得高质量金属镀层的前提条件，气密性树脂的选择和操作条件（真空度、温度、时间）直接影响着镀层的好坏。本章我们分别将封闭处理、真空度、镀膜室温度、镀膜时间作为影响因子，考虑交互作用，进行实验，确定木材磁控溅射镀膜的工艺参数。

8.2.1 木材磁控溅射的工艺研究

表面处理是将木材进行打磨，使用粗、细不同的砂纸分别进行砂光，使其表面平整，这样可获得良好的胶接效果，然后将木材放入60℃～80℃的热水中进行水煮，水煮时间为3～10分钟，主要目的是为了除去木材表面的灰尘和一些杂质，同时除去沉积在木材中的冷热水抽提物，保证木材具有清洁的表面，清洗之后自然干燥。

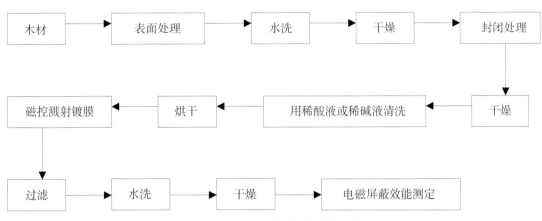

图8-2　木材磁控溅射镀膜的工艺

用氨基气密性树脂对木材表面进行封闭处理，使木材与金属易于结合，且不会剥离。由于木材表面有极性，具有一定的表面自由能，可使用偶联剂对木材进行改性，改进非极性的金属同极性的木材之间的粘合能力。真空镀膜中常用的偶联剂为硅烷偶联剂，硅烷偶联剂结构通式 $Y-R-SiX_3$，式中 X 是结合在硅原子上的水解性基团，如氯基、甲氧基、乙氧基、乙酰氧基等；Y 为有机官能团，如氨基、环氧基等；R 是具有饱和或不饱和键的碳链。在真空镀膜工艺中，偶联剂通过水解，与金属铜、铝、钛形成稳定的共价键，将硅烷薄膜与金属紧紧的锚合在一起，使金属表面发生钝化反应不仅能够提高胶粘剂的附着力，也能提高本身的耐蚀性能，一般主要使用环氧基、氨基、脲基硅烷偶联剂，如3-氨丙基三乙氧基硅烷偶联剂（$(C_2H_5O)_3SiC_3H_6NH_2$）、3-氨丙基三甲氧基硅烷偶联剂（$(C_2H_5O)_3SiC_3H_6NH_2$）等。

气密性树脂为三聚氰胺甲醛树脂、脲醛树脂或三聚氰胺和尿素甲醛共缩合树脂胶粘剂。其中包含有重量百分含量为1%～10%的耐温型的硅烷偶联剂，1%～10%络合剂，1%～10%稳定剂。

8.2.1.1 材料和试验方法

选用桐木胶合板，试材尺寸为1220 mm×2440 mm×9 mm，10张。

选用固体含量为50%的三聚氰胺甲醛树脂，内含溶液重1%硅烷偶联剂，用于封闭木材表面。

磁控溅射的金属靶材为铜。

8.2.1.2 试验设备

木材加工表面处理设备及工具如砂光机、干燥设备等。

电热恒温水浴锅（北京光明医疗仪器厂，DZKW–C）。

美国AIRCO公司产大型磁控溅射平面／旋转镀膜设备（图8–3）。

图8–3　金属镀膜工艺设备

8.2.1.3 磁控溅射原理

真空镀膜常用的方法有真空蒸发镀膜、磁控溅射镀膜和离子镀膜3种。磁控溅射镀膜是在真空中充入惰性气体，在基材和靶材之间加上高压直流电，辉光等离子体溅射的基本过程是负极的靶材在位于其上的辉光等离子体中的载能离子作用下，靶材原子从靶材溅射出来，然后在衬底上凝聚形成薄膜。磁控溅射具有低压溅射、高速沉积、高纯薄膜制备等特点，其膜质具有坚硬、均匀、耐磨、耐蚀、装饰、光学等性能，在塑料、陶瓷、金属制品表面镀膜已有应用，但在木材表面真空磁控溅射镀膜尚未发现。

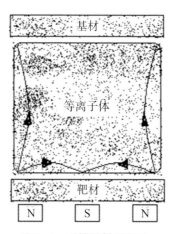

图8–4　磁控溅射原理图

图8-5　木材镀膜金属产品

图8-6　电磁屏蔽效能测试装置

8.2.1.4　结果与分析

（1）胶合板镀铜的电磁屏蔽效能测定

从图8-7可以看出，试材在30MHz～1.5GHz频段之间，双侧面镀铜的电磁屏蔽效能都能达到30dB以上，有的单侧面也能达到要求，满足电磁屏蔽要求，屏蔽效能随着电磁波频率的提高呈缓慢下降之势，单侧镀铜衰减更急，双侧镀铜的板材屏蔽效能衰减很轻。可以看出，双侧面效果好于单侧面。

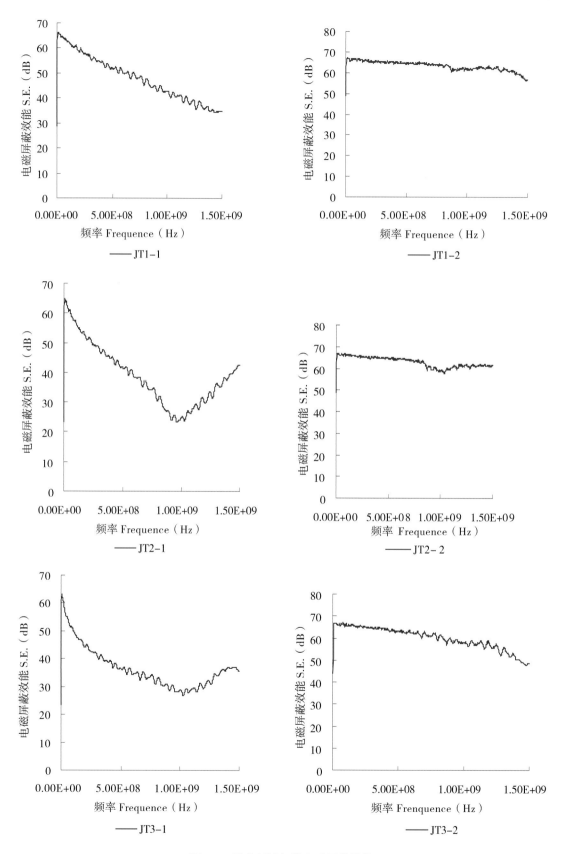

图8-7 胶合板镀铜的电磁屏蔽效能

（2）胶合板镀铝的电磁屏蔽效能测定

从图8-8可以看出，试材在30MHz～1.5GHz频段之间，双侧面镀铝的电磁屏蔽效能都能达到30dB以上，有的单侧面镀铝也能达到要求，满足电磁屏蔽要求，同样的，单面镀铝与双面镀铝的屏蔽效能随着电磁波频率的增高而缓慢衰减，单面的下降更快，双面平缓下降，但在双面镀铝的屏蔽效果图形中有一剧烈波动，估计在镀膜中有镀膜空隙存在所致，但效果仍远高于指标要求，总体结果显示，双侧面效果好于单侧面。综合图8-7、图8-8可知，胶合板的双侧面和单侧面镀铜的电磁屏蔽效果都略好于镀铝的电磁屏蔽效果。

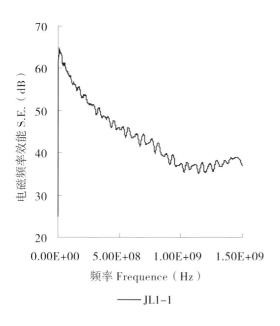

—— JL1-1

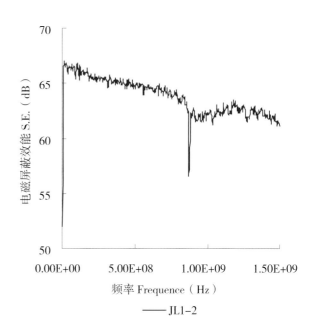

—— JL1-2

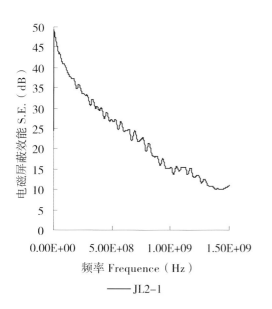

—— JL2-1

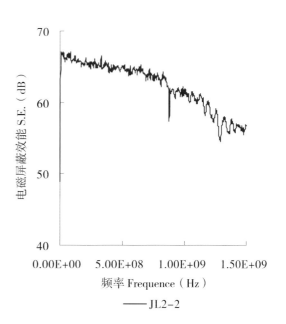

—— JL2-2

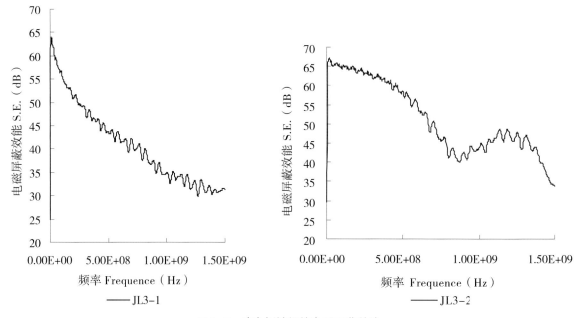

图8-8　胶合板镀铝的电磁屏蔽效能

用真空磁控溅射的方法可以在胶合板表面上形成连续、均匀、稳定的金属薄膜镀层，使胶合板具有电磁屏蔽效能（图8-7，8-8）。本研究通过对胶合板的电磁屏蔽效能的研究，可以得出如下结论：

（1）按照镀膜工艺参数的选择，胶合板双侧面镀铜的电磁屏蔽效能在30MHz～1.5GHz频段之间，均能达到30dB以上，部分单侧面也能满足要求。

（2）同样的，胶合板双侧面镀铝的电磁屏蔽效能在30MHz～1.5GHz频段之间，均能达到30dB以上，部分单侧面也能满足要求。

（3）两者的屏蔽效能都随着电磁波频率的提高呈缓慢下降之势，单侧面镀膜衰减更急，双侧面下降平缓，双侧面好与单侧面。

（4）胶合板的双侧面和单侧面镀铜的电磁屏蔽效果都略好于镀铝的电磁屏蔽效果。

8.2.2 镀膜木材产品扫描电镜分析

为了从微观上进一步了解试材与镀层之间的结合，本章选取胶合板镀铜的样品，通过扫描电镜显示木材镀铜表面的情况，并对扫描图进行分析。

（1）试验材料与仪器

试验材料使用已经经过磁控溅射镀铜处理的桐木胶合板，仪器使用JSM-5600LV型扫描电镜仪。由于试材本身具有铜层，可以不用喷金直接进行观察。

（2）结果与分析

镀铜表面的SEM照片如图8-9所示。木材表面已完全被镀铜层所覆盖，虽然局部的镀层厚度会有不同，但是总体上来说表面铜层已经连接成一个较为连续的覆盖面，铜层几乎是一层贴着一层附着于试材的表面，将其完全覆盖，说明铜层在试材表面的附着强度很大。

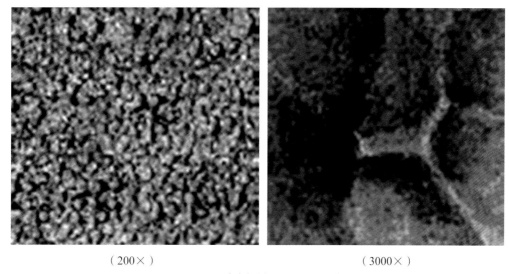

（200×）　　　　　　　　　　（3000×）

图8-9　胶合板镀铜的SEM照片

铜的表面颗粒完整、细密，形状规则，局部不太明亮，可能是试材没有采取喷金处理。铜层的积聚，在一定程度上阻隔木材与外界间的联系，降低水分对木材的影响，从而在一定程度上降低木材的变形或干裂，也能够使木材的耐腐蚀性有一定程度的提高。不过虽然在这些面上镀铜层的覆盖作用很大，但木材的纹理仍能很好地体现出来。这一方面是由于木材本身具备宽窄、深度不同的纹理从而使镀铜层的局部厚度不会十分均匀，木材的纹理能够很好保留，从而使木材表面在具备铜的特性的同时又不会失去其本来的自然性。

①木材表面真空镀膜是在真空的环境下高电压溅射镀膜材料，使它在极短的时间内产生的镀膜材料离子（原子）沉积在木材表面形成镀膜层，此法简单便利、操作容易、成膜速度快、效率高。

②按照上述工艺方法得出的金属木材具有屏蔽效果好，同时导静电、增硬、调色、耐磨、耐虫蛀、用于装饰、光学，在30MHz～1.5GHz频段，电磁屏蔽效能达到30dB以上，并且工艺简单，在生产过程中不产生或排放有毒废弃物，不污染环境。

③对磁控溅射的工艺参数进行了研究，分析了木材磁控溅射镀膜过程中木材封闭处理、真空度、靶材温度、镀膜时间对金属沉积的影响。用固体含量为50%的三聚氰胺甲醛树脂，内含溶液重1%的硅烷偶联剂、络合剂、稳定剂对木材进行封闭处理，可以得到比较理想的镀层。

④在30MHz～1.5GHz频段之间，胶合板双侧面镀铜的电磁屏蔽效能都能达到30dB以上，有的单侧面也能达到要求，满足电磁屏蔽要求，屏蔽效能随着电磁波频率的提高呈缓慢下降之势，单侧面镀铜衰减更急，双侧镀铜的板材屏蔽效能衰减很轻。可以看出，双侧面效果好于单侧面。

同样的，在30MHz～1.5GHz频段之间，胶合板双侧面镀铝的电磁屏蔽效能都能达到30dB以上，有的单侧面镀铝也能达到要求，满足电磁屏蔽要求，单面镀铝与双面镀铝的屏蔽效能随着电磁波频率的增高而缓慢衰减，单面的下降更快，双面平缓下降，在双面镀铝的屏蔽效果图形中有一剧烈波动，估计在镀膜中有镀膜空隙存在所致，但效果仍远高于指标要求，总体结果显示，双侧面效果好于单侧面。综合上述结论，胶合板的双侧面和单侧面镀铜的电磁屏蔽效果都略好于镀铝的电磁屏蔽效果。

⑤从扫描电镜得出的图象来看，铜层在木材表面形成一个连续的覆盖面，铜的表面颗粒完整、细密，形状规则，说明铜层在试材表面的附着强度很大，并且在一定程度上阻隔木材与外界间的联系，降低水分对木材的影响，从而降低木材的变形或干裂，也能够使木材的耐腐蚀性有一定提高。虽然在这些面上镀铜层的覆盖作用很大，但木材的纹理仍能很好地体现出来，从而使木材表面在具备铜的特性的同时又不会失去其本来的自然性。

下篇　泡桐加工利用篇

第九章　泡桐花果叶皮利用

泡桐全树都是宝，一是可以用于观赏和环境净化，作风景树和遮阴树，同时抵抗有害气体及粉尘污染的能力较强，为工矿区防污染和净化空气的绿化树种之一；二是可以药用，本属树种的木材、树皮、叶、花、果等均可入药，请参考《本草纲目》《中华人民共和国药典》《中药大辞典》《泡桐研究》等书；三是作饮料和肥料——家畜都爱吃泡桐树种的叶和花，川、鄂群众一贯把它们当作猪饲料。桐叶含氮量高，可用作绿肥，所以有"肥料树"之称。四是花果可用于香料提取。

国内外研究人员已经从泡桐属植物的各个药用部位（花、叶、果实、树皮、树根）中分离得到多种化学成分，主要有苯丙素类、黄酮类、三萜类、挥发油、有机酸类等化学成分。其中泡桐属植物中含有的黄酮类、萜类及其皂苷类化合物，具有广泛的生物活性，逐渐被开发利用。

9.1 黄酮类化合物

9.1.1 黄酮类化合物概述

黄酮类化合物又称黄碱素，可以分为：黄酮、黄烷醇、异黄酮、双氢黄酮、双氢黄酮醇、黄烷酮、花色素、色原酮等十多个类别。黄酮类化合物研究发展迅速，现已发现8000余种，广泛存在于自然界中，主要分布于双子叶植物的叶、果实、根、皮中，是植物的次级代谢产物。

9.1.2 黄酮类化合物结构

黄酮类化合物泛指通过中央三碳链相互连结两个苯环而成的C6–C3–C6结构见图9–1。是以"黄烷核"为基本骨架的一类多酚化合物（polyphenolic compounds），且多以糖苷形式存在，常见的取代基有–OH、–OCH3以及萜类侧链等。其生物活性因不同的化学结构有很大差异。因黄酮类化合物A，B，C三环上的取代基不同，其生物活性也相应比较丰富，该类化合物分子中心的不饱和吡喃酮决定了它的生物活性，当C–7位羟基糖苷化，C–2、C–3位双键氢化时都会不同程度的导致黄酮类化合物的生物活性的降低。

C6-C3-C6

图9–1　黄酮类C6–C3–C6结构图

9.1.3 黄酮类化合物的提取分离

黄酮类化合物的提取分离概括起来有：热水提取法（可以破坏水解酶的活性，避免甙类水解，是提取黄酮多糖甙类比较好的方法。但存在许多易溶于水的杂质如鞣质、淀粉、蛋白质等残留在提取液中，后期难以处理的缺点）、有机溶剂提取法（以物质的相似相溶为原理，利用物质的溶解度的不同，进行提取分离）、碱性水和碱性稀醇提取法（利用黄酮类化合物易溶于碱性溶液的原理用碱提酸沉的方法进行提取）、超滤法（超滤法是以多孔薄膜作为分离介质，以薄膜两侧压力差作为推动力来分离提取物的一种方法）、酶解法（酶解法多用于原料中被细胞壁包围的黄酮类物质的提取）、超临界流体萃取法（利用改变超临界流体的温度和压力，使物质溶解能力发生变化，从而使物质从原料中溶出）、超声波法（利用超声波破坏植物细胞和细胞膜结构，增加细胞内溶物通过细胞膜的穿透能力，使黄酮类化合物释放和溶出，）、微波法（利用微波辐射穿透萃取介质的高频电磁波到达原料内部系统，使细胞内部因吸收到微波能而迅速升温，高温使细胞内部压力超过细胞壁膨胀的能力，最终破裂，细胞内的有效成分通过细胞壁流出，在较低的温度条件下提取介质并溶解）、半仿生提取法（半仿生提取法是一种从生物药剂学角度出发，模拟药物经口服、胃肠道吸收转换，将整体药物研究法与分子药物研究法相结合的、应用于经消化道给药的制剂的一种新的提取工艺）、柱层析法（有聚酰胺柱层析法、硅胶柱层析法、葡萄糖凝胶柱层析法。分别适用于植物类黄酮类化合物的分离、异黄酮、二氢黄酮、二氢黄酮醇及高度甲基化（或乙酰化）的黄酮及黄酮的分离、醇类和黄酮苷元的分离）。

9.1.4 黄酮类化合物抗氧化活性测定

一般多采用DPPH法，DPPH 化学名称叫1，1-二苯基-2-三硝基苯肼，为暗紫色大棱柱形晶体。其分子结构上有一单电子，故能接受一个电子或氢离子，在517 nm 波长下具有最大吸光度。DPPH在无水乙醇溶液中是一种稳定的自由基，溶液呈紫红色，且需低温避光储藏。如果加入自由基清除剂，DPPH 的单电子被捕捉，溶液颜色随之变浅，在517 nm 处的吸光值下降，且吸光度的下降程度和自由基清除剂的量呈线性关系，吸光度水平的降低表明抗氧化性的增加，通过对比吸光度值的下降幅度来检测样品的抗氧化能力。抗氧化能力用抑制率来表示，抑制率越大，表明抗氧化性越强，DPPH 结构如图9-2所示：

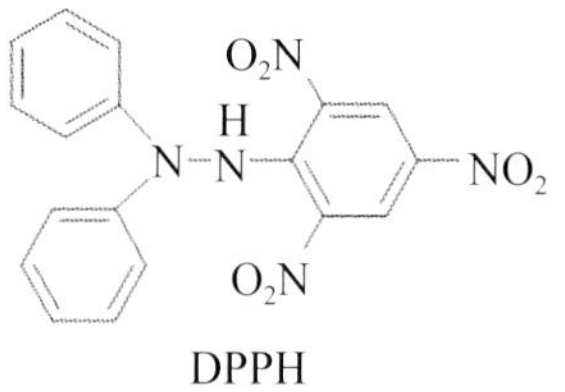

DPPH

图9-2 DPPH 结构图

9.1.4.1 DPPH 溶液的配制

使用分析天平精密称取DPPH 10 mg，将样品用无水乙醇溶解，并定容于250 mL 的棕色容量瓶，在0~4 ℃ 条件下避光保存。

9.1.4.2 黄铜类化合物溶液的配制

称取受试物用无水乙醇配制不同浓度的样品溶液。在无水乙醇中溶解性比较差的，溶解过程中加入少量DMSO助溶。

9.1.4.3 DPPH自由基清除实验

配制好的DPPH乙醇溶液及样品溶液按表9-1相互混合，混合后测定各溶液的吸光度。

表9-1

吸光度	混合溶液
A_0	1 mL乙醇溶剂 + 2 mL DPPH 溶液
A_1	1 mL样品溶液 + 2 mL 乙醇溶液
A_2	1 mL样品溶液 + 2 mL 乙醇溶液

注：A_0——1 mL乙醇溶剂 + 2 mL DPPH 溶液；

　　A_1——1 mL样品溶液 + 2 mL 乙醇溶液；

　　A_2——1 mL样品溶液 + 2 mL 乙醇溶液。

测出 Ao、Ai、Aj 所表示样品的吸光度值（平均值），样品对DPPH 的清除能力用清除率来表示：

清除率（%）$=[1-(A_1-A_2)/A_0]\times 100\%$

9.1.5 黄酮类化合物生物功能

9.1.5.1 消炎作用

泡桐花总黄酮具有对抗卵蛋白所致BALB/c小鼠哮喘的作用，其可明显降低小鼠支气管肺泡灌洗中白细胞数量，对支气管黏膜EOS的浸润聚集产生抑制，降低气道炎症时毛细血管的通透性，以此来减少炎性蛋白的渗出。泡桐花总黄酮可延长致敏豚鼠的引喘潜伏期，而且效果优于地塞米松，并具有很强的作用性，能明显减少哮喘小鼠支气管黏膜、固有膜以及肺间质和肺泡腔内EOS 等炎细胞浸润，减轻支气管管壁平滑肌增生，显著降低气道上皮断裂和脱落变性的风险。

9.1.5.2 抑菌作用

泡桐花提取液的不同萃取部分对金黄色葡萄球菌、枯草芽孢杆菌、大肠杆菌均有较强的抑制作用，其中对金黄色葡萄球菌作用最强，而对啤酒酵母、产黄青霉、黑曲霉、啤酒酵母无明显的抑制作用。其中泡桐花乙醇提取物的乙酸乙酯组分具有广谱抗菌作用，体外抑菌实验表明其对金黄色葡萄球菌、铜绿假单胞菌、屎肠杆菌、大肠埃希菌、白念珠菌均有抑制作用，对金黄色葡萄球菌的最小抑菌浓度可达到0.31%。Smejka Karel 分离了毛泡桐果乙醇提取物中6 种香叶基黄酮类成分，发现他们对7 种细菌和酵母有抑制作用。

9.1.5.3 抗氧化性

日本科学家使用DPPH对从泡桐果中得到的7个香叶基黄酮做了相应的清除自由基测试，结果显示diplacone和3′–O–methyl–5′–O–methyldiplacone有较强的活性。毛泡桐花中总黄酮对猪油氧化具有明显的抑制作用，并且随着毛泡桐花总黄酮添加量的增加而增大。

9.1.5.4 抗肿瘤作用

柚皮素具有抑制肿瘤生长和调节机体免疫功能作用，对肉瘤和大鼠白血病都显示出明显的治疗效果。柚皮素能增强机体的免疫功能；增强机体 T 淋巴细胞活性，修复由于肿瘤或者放疗、化疗引起的继发性免疫缺陷，增强杀伤癌细胞的作用。木犀草素也具有广泛的抗肿瘤作用，对前列腺癌、乳腺癌、结肠癌、卵巢癌都有较好的治疗效果。

毛泡桐的果实中含有大量的香叶基黄酮类化合物，日本的研究人员筛选出 Tomentodiplacone B 并做了相应的研究，实验显示 Tomentodiplacone B 具有抑制人体白血病细胞生成的能力，其主要是在细胞分裂的 G1 期抑制细胞周期蛋白 cyclin E1 和 cyclin A2，降低 CDK2 的活性，并减少 Rb 磷酸化，以此来阻止白血病细胞 DNA 的合成，进而达到治疗效果。

9.2 熊果酸

9.2.1 熊果酸的功效

熊果酸又名乌苏酸、乌索酸，属于有机三菇酸，熔点 285 ℃～288 ℃，溶于甲醇、乙醇、氯仿、丙酮等，不溶于水及石油醚。具有镇静、抗炎、增强机体免疫力、抗菌、美白、抗癌等药理作用。被中国医学科学院肿瘤医院实验证明其有望成为低毒、有效的新型天然抗癌药物，因而正日益受到众多学者的重视。熊果酸（Uroscilacid）是多种天然产物的功能成分，可应用于药品、食品、化妆品或其他精细化学品，有很高的应用价值。

9.2.2 熊果酸的结构

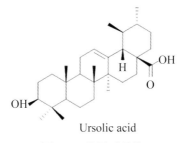

Ursolic acid

图9-3　熊果酸结构

9.2.3 熊果酸的提取方法

提取熊果酸常用的方法有：冷浸法、渗滤法、溶剂回流提取、索氏提取、超临界 CO_2 萃取、微波萃取、超声波提取等。

9.2.3.1 冷浸法和渗滤法

冷浸法和渗滤法不需加热，热敏性成分不易受破坏，但提取时间长、溶剂用量大。有实验表明用水煎煮法、水提醇沉法和乙醇渗滤法得到熊果酸提取液中，乙醇渗滤法得到的提取液抑菌作用最强，能更好保护熊果酸的活性。

9.2.3.2 溶剂回流法和索氏提取法

溶剂回流法和索氏提取法溶剂消耗较少，操作简单，应用广泛，但提取温度较高，加热时间较长，会导致熊果酸成分的破坏或含量的降低。在提取条件为：90%～95%的乙醇溶液，料液比1∶20～40（g/mL），80℃提取2～3 h，熊果酸有较高的提取率。采用搅拌分批提取法提取熊果酸，即在一定的温度、固液比、搅拌速度下提取，能提高熊果酸的得率，但操作较为复杂。

9.2.3.3 超临界流体提取法

超临界流体提取法，是利用超临界流体萃取技术提取植物中有效成分的一种方法，目前常用的超临界萃取剂为CO_2。

超临界CO_2流体萃取是利用超临界CO_2良好的溶解性和渗透能力，通过调节萃取体系的温度和压力等参数，使超临界流体与待分离物质充分接触，选择性地把极性大小、相对分子质量大小和沸点高低的成分依次萃取出来，从而实现有效成分的提取分离。

萃取过程一般分为流体压缩、萃取、减压、分离四个阶段。超临界CO_2萃取环保、无溶剂残留，可实现选择性分离，提取效率高，且在接近室温及CO_2气体笼罩下提取，天然活性成分和热敏性成分不易被氧化或分解破坏，可保持提取物的天然特性，在挥发性物质及脂溶性物质的提取中占据重要地位，广泛应用于制药、食品、香料、生物、化工等行业领域。

近年来，超临界CO_2流体萃取技术在不同植物中的熊果酸提取方面也得到不少学者的探索和研究，与传统的方法相比，熊果酸的提取率都有不同程度的提高。由于CO_2极性较弱，而熊果酸的极性较强，相对分子质量较大，因而超临界CO_2取条件较为苛刻，萃取效果也不够理想，主要靠提高压力和加入适当的夹带剂来实现。另外，超临界CO_2萃取操作压力高、能耗大、设备成本高，应用受到一定的限制。

9.2.3.4 微波提取

微波提取，是利用物质微波吸收能力的差异性，选择性地加热提取体系中的某些组分，使被提取物质从体系中释放出来，进入到提取溶剂中，实现选择性提取。微波提取具有提取效率高、耗时短、溶剂用量少、污染小、易于控制等优点，受到科研工作者的广泛关注。

不少学者对利用微波技术提取泡桐花、番石榴叶、红枣、石榴皮、白花蛇舌草、山楂、野生猕猴桃根等中的熊果酸进行了研究，结果表明，微波提取法用于熊果酸提取，提取率高，提取时间短，具有明显的优势。

但是，微波提取一般具有较高的提取温度，可能导致热敏性物质变性，甚至失活，因此微波提取仅适用于热稳定性成分的提取。同时，微波对不同有效成分选择性加热，被提取的天然资源必须具有一定的吸水性，否则细胞难以吸收足够的微波将其自身击破，细胞内有效成分难以溶解释放而无法有效提取。另外，微波提取设备的微波泄漏问题也极大地限制了微波提取技术的应用。

9.2.3.5 超声波提取

超声波提取是一种高效、节能、环保的动、植物有效成分提取技术。超声波提取利用超声波的机械作用和"空化效应"（是指存在于液体中的微气核空化泡在声波的作用下震动，当声压达到一定值时发生的生长和崩溃的动力学过程），有效破碎动植物细胞，使有效成分充分游离出来而得以提取。而且，在超声波的作用下，提取溶剂和有效成分分子运动加速，快速接触和溶合，提取效率大大提高。目前，超声波提取已成为提取植物中熊果酸的重要手段。与传统提取方法相比，超声波提取具有溶剂用量小、提取速度快、有效成分提取率高等优点。而且，超声波提取过程无需加热，可避免高温对有效成分的破坏；提出杂质较少，有效成分易于分离、纯化；耗能少，操作简便，便于大规模工业生产。通过对山茱萸、枇杷叶等中熊果酸提取研究，超声波辅助提取较传统的提取方法更省时，提取产物更天然。且超声波提取无需加热，能耗更低，对熊果酸活性的保持更加有利。

9.2.4 熊果酸的分离纯化方法

熊果酸在植物界分布广泛，但因其植物含量低，且常有同分异构体共存，分离难度较大。目前常用的熊果酸分离纯化方法主要有：有机溶剂萃取法、沉淀法、柱色谱分离法、大孔吸附树脂吸附法、高速逆流色谱法等。其中，大孔吸附树脂吸附法多为富集方法，一般需要与其他纯化方法结合使用，才能得到高纯度的熊果酸。

经过水液预处理、石油醚除杂、活性炭脱色、大孔吸附树脂动态吸附、乙醇结晶等工艺对泡桐的叶、花进行处理能得到纯度较高的熊果酸（纯度在85%以上）。

采用二步法，将兰考泡桐叶水预处理后，用乙醇提取，经碱除杂、酸沉淀、石油醚除杂、活性炭脱色，再用硅胶柱层析的方法分离得到纯度≥95%的熊果酸晶体。

9.2.5 熊果酸的分析测定

熊果酸的分析测定方法主要有：分光光度法、薄层扫描法、气相色谱法和高效液相色谱（HPLC）法等，具体如下：

9.2.5.1 分光光度法

分光光度法是将提取液挥干溶剂，加入5%香草醛–冰乙酸溶液和高氯酸，在60℃水浴中加热显色后，于548 nm波长处测定吸光度，对照预先绘制的标准曲线计算熊果酸的含量。

9.2.5.2 薄层扫描法

薄层扫描法在熊果酸的含量测定方面有较多应用。其方法是用硅胶薄层板点样，经展开剂展开和显色剂显色，然后通过薄层扫描仪扫描测定，根据预先绘制的标准曲线计算熊果酸的含量。

9.2.5.3 气相色谱法

采用重氮甲烷衍生化气相色谱法测定熊果酸的含量。在样品中加入新配置的重氮甲烷乙醚溶液，30℃水浴中衍生化反应30 min，至黄色不褪，氮气流吹干衍生物，加乙酸乙酯溶解。用10%SE–30（2 m×3 mm）色谱柱，FID检测器，在气化室及检测器温度均为300℃，柱温为270℃，氮气流速为80 mL/min的色谱条件下进行测定，根据建立的标准曲线，计算熊果酸的含量。

用重氮甲烷对样品甲酯化后，采用毛细管气相色谱法测定熊果酸的含量。色谱条件为：HP–1毛细管柱（25 m×0.32 mm，0.52 μm），FID检测器，进样器和检测器温度300℃，柱温280℃。

在上述条件下，熊果酸的回收率分别为90%以上。

与分光光度法和薄层扫描法相比，气相色谱法测定熊果酸的含量，可以有效避免其同分异构体齐墩果酸的干扰，含量测定准确性更高。但由于熊果酸的熔点较高，用气相色谱法测定时需先将其衍生化后才可进行，给操作带来不便。

9.2.5.4 高效液相色谱法

高效液相色谱法分析速度快、灵敏度高，分析用色谱柱可反复使用，且所需样品量少、容易回收，是目前最常用、最准确的分析测定熊果酸含量的方法。

采用C18反相柱（4.6 mm×250 mm，5 μm），流动相为体积比为88：12的甲醇–0.03 %磷酸缓冲液（pH=2.8），流速1.0 mL/min，检测波长210 nm。在此色谱条件下，齐墩果酸和熊果酸的保留时间分别为16.24、17.17 min。高校液相色谱法准确、快速，操作简便，是目前应用最广的熊果酸含量测定方法。

9.2.6 熊果酸的生物功能

熊果酸具有明显的抗氧化活性和优良的生理药理活性，如：保肝、抗炎、抑菌、抗肿瘤、抗HIV、增强免疫功能、降血糖血脂等。特别是熊果酸抗致癌、抗促癌、诱导F9畸胎瘤细胞分化和抗血管生成的作用，使其成为低毒高效的新型抗癌药物。

9.2.6.1 镇静

熊果酸有明显的安定和降温作用，能降低大鼠的正常体温，减少小鼠自发活动，并能增强戊巴比妥的催眠作用和抗戊四唑的抗惊厥作用。

9.2.6.2 抗炎、保肝

熊果酸具有抗炎作用，增强肝糖元，降低心肌、横纹肌肌糖元及糖皮质激素作用，动物实验表明，熊果酸1000 mg/Kg有降低血清转氨酶的作用。

熊果酸对乙醇、乙酰氨基酚、四氯化碳、氯化镉和D–氨基半乳糖–脂多糖等十多种化学品及免疫药物引起的急性肝损伤有抗肝纤维化保护作用。而且，熊果酸在抗各种肝损伤的同时，可降低肝脂肪和过氧化脂质的含量，明显减轻肝细胞脂肪变，改善高脂饮食性肝组织脂肪变性和炎症，预防肝硬化；还可以通过降糖、降脂提高机体胰岛素敏感性。

9.2.6.3 增强机体免疫力

熊果酸在体外能快速杀死培养细胞，使培养淋巴细胞几乎完全失去淋转、白细胞介素—2生成、LAK细胞（淋巴因子激活的杀伤细胞）产生能力，但腹腔注射熊果酸的小鼠上述三种指标均明显提高。

9.2.6.4 抗菌、抑菌

熊果酸在体外对革兰阳性细菌、革兰阴性细菌和酵母菌有抑制作用，对培养的肝癌细胞有明显的抑制作用，并能延长荷艾腹水癌小鼠的生命。熊果酸及其衍生物对金黄色葡萄球菌、链球菌、枯草杆菌、奇异变形杆菌、大肠埃希杆菌等G+和G– 菌及酵母菌均有抗菌活性，能抑制真菌生长。熊果酸可通过抑制细菌生物被膜形成，增强抗菌药物的抗菌作用。熊果酸还可以通过抑制真菌细胞壁的重要结构成分几丁质的合成酶，使真菌细胞壁受损，产生抗真菌作用。熊果酸还具有抗疟作用和杀锥虫活性，能明显抑制疟原虫的增殖，溶解锥鞭体，对氯喹敏感、耐药恶性疟原虫及克氏锥虫的血锥鞭体有抑制作用。

9.2.6.5 扩张冠状血管

有报道，熊果酸与山楂之合剂能扩张冠状血管，可治疗冠脉循环及心功能不足，但也有人认为其对冠状血管并无特异作用，而是由于熊果酸不溶于水，因而静脉注射后在体内形成小颗粒，伤害了肺脏，引起机体的各种反应。

9.2.6.6 美白

熊果酸可防止麦拉宁黑色素的形成，因而正在化妆品领域得到进一步应用。ISPA推出精质熊果酸植物精华结合植物香精油研制而成的SISley美容系列产品，全新推出抗皱活肤驻颜霜，它运用最先进的技术，采用具高度再生作用的新成分熊果酸，含vA、vE、vF综合维生素，可有效改善肌肤组织对抗游离基，在欧美引起轰动。

9.2.6.7 抗癌

熊果酸或其盐作为单一的活性成分可用于抑制各种癌症，游离熊果酸有高抗转移作用，减少副作用，并能增强用药的安全性。近年来研究表明，熊果酸可对抗致癌物质如B(a)P、黄曲酶素B1诱发的基因突变，抑制TPA对二甲基苯并蒽(DMBA)诱导的小鼠皮肤癌的促癌作用；而且熊果酸对P-388和L-210白血病细胞，A-549人肺腺癌细胞等多种肿瘤细胞有细胞毒性作用。

第十章 泡桐木材主要用途

树木的种、属不同，木材的组成和性质就有差异，这也往往限定了木材的利用。通过前几章的各项试验研究，并参考已有的使用经验，总体上认为泡桐属的木材构造和性质都比较均匀一致，泡桐材的加工利用重在发挥其优良的物理性质和纤维的利用，泡桐木材可广泛用于建筑装饰行业，适合作非承重装饰性材料，如制作门、窗、家具、墙板、木线、护墙板、龙骨、电料板等。不宜用于要求以力学强度为主的用途。要扬长避短，适材适用，否则用材不当，浪费木材。在合理利用木材的原则下，根据泡桐材上述的构造和性质试验研究及生产上的使用经验，其用途可分列如下。

10.1 工业利用

10.1.1 桐木拼板

桐木拼板是泡桐原木经锯解、变色预防、干燥、目标造材、胶拼、刨光等工序加工而成的天然板材，是生产制造家具、室内装饰的优等天然无污染材料，加之其尺寸稳定性好、耐湿、耐腐、着火慢等特性，深受国内外喜爱，其生产起步于20世纪70年代初，在70年代中期得到迅速发展。现在山东菏泽、河南开封、许昌、郑州等地出现各类桐木加工厂几千家，较大工厂年产量达到10万立方米左右。全国桐木拼板年产量有500万立方米，一方面国内用作家具、装修等材料，另一方面出口创汇。现在产品已出口到日本、韩国、美国、意大利、法国、英国、澳大利亚等国家。

10.1.2 胶合板

原木宜水存，或在旋、刨前水煮，以减少或避免色斑的产生；否则单板需用水浸没，干燥时才不会产生色斑，影响材质。

木材旋、刨容易，材色淡雅，富有花纹，胶粘及油饰性能均好。胶合板（单板厚1.2～1.4 mm），结果颇佳。刨切贴面单板可薄至0.25 mm，如果胶合剂的粘度适当，并无透胶污染板面之虞。泡桐贴面复合板或胶合板可大量用于家具，室内装修，各类匣、盒、收音机木壳等。预计泡桐材将为我国贴面单板及胶合板的重要用材树种之一。

泡桐是适合于作胶合板的，根据资料将桐木胶合板的力学强度列于表10-1。桐木胶合板主要用于出口和国内装饰行业使用。由于胶合板的强度较低，适宜产品是五合板、硬杂木夹心板。

表10-1 泡桐胶合板物理力学性能

合板层数	合板厚度（mm）	胶合强度（Mpa）	木材破坏率（%）	含水率（%）
3	3.5	2.0～1.14	36	8.7
5	6.0	2.04～1.34	40	10.5

10.1.3 刨花板

泡桐速生、质轻，是生产刨花板的优良材料。由于泡桐树冠大，桐木的枝丫、小径材产量很高，几乎与树木干材等量，每年生产150万 m³。桐木拼板生产过程中，每 m³拼板成品就有1.2～1.5 m³的下脚料。仅河南生产拼板的下脚料每年就有10～12万 m³。这些加工剩余物是生产刨花板的上好原料。

10.1.4 重组木

泡桐木材可跟杨木等木材组合生产重组木等，或者通过改性制造高密度的板材，用于制造不同密度的板材。国家林业局泡桐研究开发中心常德龙、张云岭等人发明了多项专利，用于生产大尺寸、大幅面家具、装修用相关板材。

10.1.5 航空用材

（1）衬垫滑翔机及农用飞机的机面可以使用木材复合结构，两面用胶板，中心用极轻的木材如泡桐属树种作衬垫。泡桐材细胞壁甚薄，孔隙大，有如天然蜂窝结构。

（2）靶机及模型机泡桐材很轻，加工制作容易。

10.1.6 船舶

泡桐材除锯解制作渡船、货舱外，在近代造船业中，采用复合结构制造玻璃机帆船时，表里两面用玻璃钢，中心可用极轻的材料如轻木、泡桐材。另外，尚可用作救生圈、浮子等。

10.1.7 造纸

泡桐木材纤维长度平均值0.95～1.17 mm，宽度平均值0.26～0.32 mm，细胞壁厚3.2～3.8 μm，细胞腔直径18.8 ～24.4 μm；粗、细浆得率分别为50.37%～53.37%和50.34%～ 53.02%；浆纸耐破因子33～57，撕裂因子63～80。泡桐木材均可作为各种文化用纸的造纸原料。

中外科研工作者，都用泡桐材进行过造纸试验，效果颇佳。广东林科所与广州造纸厂试验，认为泡桐材木浆的白度高，纸的强度亦佳。同时本属树种生长很快，在一定期间内同样面积的土地上比其他树种能获得更多的造纸原料，是我国大有希望的造纸用材树种，宜设置企业用材林造林基地。

Dadswell等认为，为了经济收益，造纸木材的纤维组织比量不应低于50%。过去有人总以为泡桐材的轴向薄壁组织比量高，作造纸原料不划算；但实测证明，由于导管比量低，木纤维的比量仍高达50%以上（表3-2），粗浆得率亦达50%以上。

10.1.8 翻砂木模、模板及模型

泡桐材很轻软，切削容易，切削面光洁，尤其胀缩性很小，尺寸稳定，不翘裂，适于作工业上的翻砂木模、建筑上的水泥模板，以及各类木模型等。

10.1.9 木丝

木丝通常要求轻、软、色浅、弹性好，纹理直，无气味和树脂，具吸收性。泡桐木丝是用

作包装缓冲填料，床、椅垫褥，冷却系统绝缘材料，牲畜、家禽垫料和玩具填料等的理想材料。

10.1.10 木炭和活性炭

泡桐木炭可制黑色炸药、烟火、炭笔，并用于冶金方面。活性炭具有吸收气体、液体乃至微粒的高效能，可用作水、食物、药品、空气等的净化剂。

10.2 文化用品

10.2.1 乐器

泡桐材具有优良的共振性质（高的声辐射品质常数和低的对数缩减量），材色浅而一致，年轮通常均匀，加工容易，刨面光洁，自古以来我国即用作各类弦乐器的音板（日本亦采用），至今仍为泡桐材在国内的主要用途。据说北京市乐器研究所用此试制钢琴音板，音响效果很好。

由于桐木具有良好的声学性能，是制作乐器的极佳材料。20世纪90年代中后期，桐木乐器生产出现在河南兰考，他们利用本地丰富的资源优势，生产乐器并大量出口，取得了良好的经济效益。现在仅兰考县就有桐木乐器厂20多家，主要产品是琵琶、古筝、扬琴等。产品出口印尼、马来西亚、美国、加拿大等地。

10.2.2 工艺品

利用泡桐材各项优良的物理和加工性质，以及材色淡雅等优点，将桐木枝丫材、小径材，经旋切制成坯材，雕刻、制备、打磨、批灰、油漆、绘制成各种产品。主要有茶具、酒具、花瓶、笔筒、碗、碟、礼品盒、佛像、神龛、木鱼、玩具、屏风等，产品销往国内外。

10.3 家居生活用品

10.3.1 家具

泡桐材的尺寸稳定性好，胀缩性很小，无翘裂、变形等，适于做各种家庭用具、床板等；同时刨光、油漆、胶粘、钉钉性能良好，材色一致（先水泡预防色斑），且具花纹，是做箱、柜、桌、椅等家具的优良材料（日本亦喜使用）。由于制品镶拼严密，不翘裂，少或不漏气，所以群众从来就喜用制衣柜、衣箱，与其他树种比较至少可以减少空气中湿气直接入内的机会。

德国企业用毛泡桐试制刨花板，其刨片、施胶、加压、板面砂光等操作过程均无困难，试验认为密度430～510 kg/m³的刨花板具有高的强度性质。

10.3.2 饮食用具及包装箱

泡桐材除具上述做"家具"的特性外，还无嗅、无味、不污染饮食，所以适用作盛饮食的盆、桶、盒、甑、蒸笼，以及锅盖（还与热绝缘性好有关）、瓢、勺等用具。

同时泡桐木材很轻，用作茶叶、食品、水果等包装箱可以减少运费，尤其是空运，用制蜂箱，不仅便于搬运，因隔热保温性能好，箱内温度的变化也较小。

10.3.3 绝缘材料

泡桐材对热、电的绝缘性能优良，所以农村中用泡桐材作风箱，熨斗、汤勺等的木柄、火盆架；冰柜；金库、保险柜等的内衬；室内电线板及电表板等。

10.3.4 木屐

日本木屐习惯上选用泡桐树种。因为泡桐材容易加工制作，切削面又光洁，制成后不开裂、不变形；同时泡桐材很轻便，导热系数很小，为已知国产保温隔热的最佳树种，穿用时使人有适足之感。从吸水试验看，泡桐材做木屐还不能说是由于它吸水性小的缘故。

10.4 建筑材料

泡桐材不易着火燃烧。据比较试验结果，一般木材的发火点为250℃～270℃，但毛泡桐高达425℃，好像是泡桐材经过阻燃剂处理过的一样。所以农村中又用作吹火筒，同时泡桐材的电、热绝缘性能优良，所以用于住房、仓库等建筑，使人有舒适、安全之感。泡桐木材作为室内装饰材料，不但保温隔热，而且防火阻燃，利于火灾逃生，这是泡桐材的又一显著优点。

10.4.1 屋架

泡桐材的强度弱，但在农村中因就地取材方便，亦可酌量用作民用房屋等轻型建筑的屋架，乃至檩条、柱子、搁栅等。

10.4.2 室内装饰材

装饰材要求木材的尺寸稳定性好，不翘裂、不变形，容易加工制作，泡桐材最符合这些要求，为制窗框的优良材料。同时油漆后光亮性好，作门、墙壁板、隔板、天花板时，尚有装饰价值。

10.5 农具

用泡桐材制农具主要也是利用其优良的物理性质。适于制作水车和风车的车箱、打稻桶（四川涪陵）、盆、桶、抬杠（陕南、四川、鄂西）和扁担（广西金秀）（能吸汗，不会磨损皮肤，并少压痛的感觉）。日本人喜欢用桐木做米箱、米桶、托盘、食品包装盒、茶叶盒等各式家用器具。

第十一章 泡桐木材未来极具潜力发展产品

11.1 装饰材

11.1.1 泡桐木材的装饰特性

材色：泡桐木材的材色浅，灰白色或灰褐色略带紫色。不同泡桐树种的材色各异，一般认为，材色一致纯白、银白为佳；材色不一致，杂乱不齐为劣。泡桐在生长、存贮、加工过程中均易产生变色。泡桐木材材色是泡桐木材出口日本的重要指标之一，其反映在价格上的差异很大，造成每立方米差价少则几百元，多则上千元甚至更多，所以在泡桐木材的加工生产过程中保持色泽均一尤为重要。国家林业局泡桐研究开发中心在解决泡桐木材变色技术方面取得很多成果，获得多项国家发明专利。

年轮：泡桐木材的年轮在端面观察比较清楚，属环孔或半环孔材，自然生长的泡桐年轮宽度在0.5～1 cm，生长迅速的无性系品种年轮宽度在2～4 cm。径切板纹理通直，年轮的明晰度和宽窄与生长速度、品种特性有关。在出口桐材中，要求年轮窄，均匀、通直、明显为好。日本称径切年轮为立丝度，立丝度均匀、平直、规整为上品，反之，则价格受影响。

心、边材：泡桐的心、边材区别不明显。心材灰白和灰褐色，边材灰白色。一般边材只有1～2个年轮。边材狭，心材宽。

不同种类泡桐的基本材性比较：

这里所说的泡桐种类是指不同泡桐品种在不同立地或者同种不同立地的材种进行采集编号分析。国家林业局泡桐研究开发中心根据生产装饰材的要求，对我国栽培量大、栽培范围广、有代表性的几种泡桐进行了采样，进行色度、材性等方面分析。如兰考泡桐分别采自河南兰考县、甘肃天水市，所处地球经度、生长环境差异很大，故采样分析时按照两种进行分析。

所选取的试材信息见表11-1。本研究根据泡桐的不同地理分布区，选取该地域最具代表性的泡桐种和杂交无性系作为研究对象，试材取自按生长方向树木干高1.3～1.6 m的胸径处位置，并参照国家行业标准制取试验所需的试件，然后严格按照国家行业标准进行干燥处理和测量，得出相关数据。

表11-1 所取试材信息表

树种名称	采集地区	试材标记	采集株数	平均树龄	主干均高	平均胸径	区域划分数		各区试件数		
							密度硬度	抗劈裂	密度	硬度	抗劈裂
楸叶泡桐	山东高密	SDQ	6	14.8年	5.5 m	38 cm	3	2	8	4	8
兰考泡桐	河南兰考	LKL	6	16.5年	7.0 m	49 cm	3	2	8	4	8

树种名称	采集地区	试材标记	采集株数	平均树龄	主干均高	平均胸径	区域划分数		各区试件数		
							密度硬度	抗劈裂	密度	硬度	抗劈裂
兰考泡桐	甘肃天水	GSL	6	25.6年	4.3 m	32 cm	3	2	8	4	8
白花泡桐	湖南湘潭	HNB	6	16.7年	4.5 m	37 cm	3	2	8	4	8
毛泡桐	湖北南漳	HBM	6	21.8年	5.7 m	38 cm	3	2	8	4	8
豫林1号	山东高密	YL1	6	12.7年	7.1 m	48 cm	3	2	8	4	8
毛白33	河南荥阳	TF33	6	14年	6.5 m	44 cm	3	2	8	4	8

在树木胸径处截取用于测试密度、硬度、抗劈裂的圆盘，厚度为8 cm，备用。根据泡桐生长特性，过渡带的材性与心边材均不同，故将过渡带试材记为中材，依次将心材、中材和边材标记为C、M、S，以此作为试件在盘中位置的代号，即试材在径向上的划分。

所取试材的树龄在12.7年以上，根据文献，泡桐的幼龄材界定年限为11年，故所取试材均属于成熟材，年轮宽度分布在0.2 cm到6 cm之间，平均宽度大于0.4 cm，密度试件的尺寸为50 mm×50 mm×50 mm。试件共计1008块。硬度试件尺寸为70 mm×50 mm×50 mm，数量为504块；抗劈裂试件尺寸为50 mm×20 mm×20 mm，分径面和弦面，共672块。其中密度试件烘箱（103 ℃±2 ℃）干燥成为全干，测试全干密度；测试硬度和抗劈裂的试件含水率按照要求调整至12%，测试温度为20 ℃±2 ℃，相对湿度65%±5%。

木材光泽：泡桐木材中有一种光泽叫做丝绢光泽，柔和美观。此光泽的明显与否是衡量木材材质优劣的重要指标。颜色指标测定是根据国际国学委员会制定的标准进行测定，在测定颜色三刺激值X、Y、Z的基础上，参照CIE（1976）L*a*b*均匀色空间，按公式（1）~公式（8）进行计算和分析。

$$L^* = 116\sqrt[3]{\frac{Y}{Y_n}} - 16 \tag{1}$$

$$a^* = 500\left(\sqrt[3]{\frac{X}{X_n}} - \sqrt[3]{\frac{Y}{Y_n}}\right) \tag{2}$$

$$b^* = 200\left(\sqrt[3]{\frac{Y}{Y_n}} - \sqrt[3]{\frac{Z}{Z_n}}\right) \tag{3}$$

式中：Xn、Yn、Zn分别为全反射漫射体的三刺激值95.0546、100.0000、108.9258。

$$\Delta E^* = \sqrt{(\Delta L^*)^2 + (\Delta a^*)^2 + (\Delta b^*)^2} \tag{4}$$

式中：ΔL^*、Δa^*、Δb^*分别为试件与校正模板间L*、a*、b*的差值，校正模板L*=94.57、a*=−0.39、b*=4.31。

$$W = 100 - \sqrt{(100-L)^2 + a^2 + b^2} \tag{5}$$

公式（5）中L为亨特Lab色空间明度，a为亨特Lab色空红绿轴色度，b为亨特Lab色空间黄蓝轴色度。

$$其中：L = 100\sqrt{\frac{Y}{Y_n}} \tag{6}$$

$$a = 175\sqrt{\frac{0.0102X_n}{\left(Y/Y_n\right)}} * \left[\left(\frac{X}{X_n}\right) - \left(\frac{Y}{Y_n}\right)\right] \tag{7}$$

$$b = 70\sqrt{\frac{0.00847Z_n}{\left(Y/Y_n\right)}} * \left[\left(\frac{Y}{Y_n}\right) - \left(\frac{Z}{Z_n}\right)\right] \tag{8}$$

颜色指标L*a*b*表色系，L*（亮度），又称明度，其值大小表明木材色泽鲜亮程度，值越高，表示木材表面色泽越好；a*（变红度），米制（红绿轴）色度指数，正偏红，负值偏绿，正值越大，红度越高，因而木材的变红度正值不能过高，过高则失去本色，但也不能过低，负值趋向偏绿；b*（变黄度），米制（黄蓝轴）色度指数，正值偏黄，负值偏蓝，变黄度不能过高，亦不能过低，过高过低都会失去木材本身天然色泽；△E*（总色差），其值表示色差变异程度，值越大表明色差变化越大，木材颜色不稳定，色差越小，表明木材颜色变化幅度小，色泽稳定；白度（W），表明木材的白度，对于泡桐制品尤为重要，其值越大，白度越好，质量等级越高，是出口桐木板材的等级确定的关键指标之一。

国家林业局泡桐研究开发中心针对泡桐装饰材研究项目中，对蓄积量大，栽种范围广的白花泡桐、毛泡桐、甘肃天水兰考泡桐、河南兰考县兰考泡桐、楸叶泡桐、毛白33、豫林1号等7种类泡桐进行研究，研究结果表明（见表11-2），7种类泡桐的色度指标总色差（△E*）、亮度（L*），变红度（a*），变黄度（b*），白度（W）在种间与株间的差异均达到显著水平，这说明不同桐种、不同单株泡桐木材在颜色上都是不尽相同的。综合以上5个颜色指标来看，白花泡桐最好，毛白33次之，楸叶泡桐、兰考泡桐与、豫林1号和毛泡桐接近。白花泡桐亮度与白度比楸叶泡桐高4%～5%，比兰考泡桐、豫林1号和毛泡桐高8%～9%。

表11-2　7品系泡桐亮度、白度比较

项目	树种	平均值	标准差	下限	上限
亮度	GSL	70.7014	0.0439	70.6153	70.7875
	HBM	69.9552	0.0439	69.8691	70.0413
	HNB	76.4829	0.0439	76.3968	76.5690
	LKL	71.1900	0.0439	71.1039	71.2761
	SDQ	71.1343	0.0439	71.0482	71.2204
	YL1	72.0003	0.0439	71.9142	72.0864
	TF33	74.8377	0.0439	74.7516	74.9238
白度	GSL	61.3492	0.0442	61.2627	61.4358
	HBM	61.2065	0.0441	61.1200	61.2930

项目	树种	平均值	标准差	下限	上限
白度	HNB	67.5558	0.0441	67.4693	67.6424
	LKL	62.3394	0.0441	62.2529	62.4259
	SDQ	61.8556	0.0441	61.7691	61.9421
	YL1	62.7952	0.0441	62.7087	62.8817
	TF33	65.8904	0.0441	65.8039	65.9769

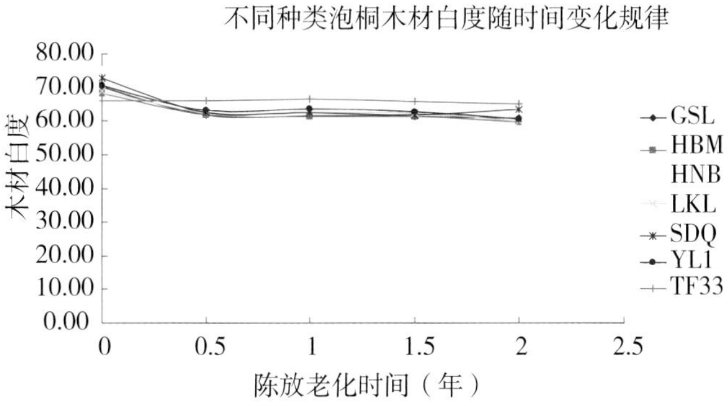

图11-1　不同种类泡桐木材白度随时间变化规律

以上图11-1显示，不同种类的泡桐在室内干燥清爽环境下存放，随着时间的变迁颜色有劣化趋势，其主要原因在于这一阶段，木材内含物在自然干燥状态下，有缓慢释放、向外迁移的趋势，并且与空气中的氧发生氧化还原反应，特别是木材在加工成板材后变化尤为明显，几乎呈一定比例下降，但是，半年过后颜色趋于稳定，呈缓慢下降趋势。

绝干密度：

泡桐属于低密度木材树种，泡桐属的不同树种密度亦有差异。

在研究的7种类泡桐中（表11-3），绝干密度白花泡桐最高，达0.2845 g/cm³，楸叶泡桐仅较其低0.81%；毛泡桐、兰考泡桐、毛白33泡桐居中，较白花泡桐分别低4.60%、9.21%、11.705%，杂交泡桐豫林1号的密度最低，较白花泡桐低达14.62%。

表11-3　不同泡桐品种绝干密度比较

树种	平均值 g/cm³	偏差	样本数
GSL	0.2523	0.0218	432
HBM	0.2714	0.0367	432
HNB	0.2845	0.0407	432
LKL	0.2562	0.0210	432
SDQ	0.2822	0.0231	432
YL1	0.2429	0.0245	432
TF33	0.2512	0.0170	432

不同种源泡桐硬度差异分析

7种泡桐间的硬度差异采用多重比较分析，结果见表表11-4。

从表5可知，白花泡桐的硬度值为1614.35，排位最高，楸叶泡桐次之并接近，较白花泡桐低5.30%，兰考泡桐、毛泡桐、毛白33的硬度相近，较白花泡桐低9.90%左右，豫林1号的最低，比白花泡桐低18.56%。来自长江流域的白花泡桐和毛泡桐的偏差较大，这可能与南方雨水丰沛、生长的环境有关，来自北方的泡桐偏差较小，可能与其生长的黄河流域气候土壤相对变化不大有关，有待进一步证实。

经分析得知，除兰考泡桐、毛泡桐和毛白33之间硬度差异不显著外，其他四种泡桐之间差异均达到显著或极显著。

表11-4 不同泡桐品种硬度比较

树种	平均值（N）	偏差	试件数
GSL	1387.19	176.56	72
HBM	1454.50	357.18	72
HNB	1614.35	401.42	72
LKL	1449.32	165.24	72
SDQ	1528.75	299.07	72
YL1	1314.66	214.73	72
TF33	1472.60	130.52	72

不同种源泡桐的抗劈裂强度差异分析：

7种泡桐间的抗劈裂强度差异采用多重比较分析，结果见表11-5。

从表11-5可知，大多数泡桐的抗劈裂强度是弦面大于径面，这很可能与泡桐木材解剖特性属于半环孔材有关，导管、木纤维及木薄壁组织组成的变化影响到抗劈裂强度的变化。7个树种的比较中，白花泡桐值最高，径面为13.52，弦面为13.89，豫林1号最低，径面为8.32，弦面为8.65，其均值较白花泡桐低达38.09%，其他几种泡桐品种的相近，较白花泡桐低12%左右。同一品种不同地域的兰考泡桐，甘肃产的泡桐较河南的高，其原因在于当地气候干旱，气温低，生长速度相对华中慢，年轮小，对抗劈裂强度会有提升作用影响。

表11-6显示，7种泡桐的抗劈裂强度在径面和弦面的分别比较分析中，达到极显著水平。

从表11-7得知，径面与弦面的相关系数为0.72，且达到极显著水平。这说明木材的抗劈裂强度与泡桐品种、地域、生长速度等特性密切相关的。

表11-5 不同泡桐品种抗劈裂强度比较

树种	平均值N/mm		偏差		数量
	径面	弦面	径面	弦面	
GSL	11.43	11.92	1.06	1.49	48

树种	平均值N/mm		偏差		数量
	径面	弦面	径面	弦面	
HBM	11.96	12.11	1.82	2.15	48
HNB	13.52	13.89	2.22	2.20	48
LKL	10.81	10.59	1.47	1.86	48
SDQ	11.71	12.29	1.69	2.37	48
YL1	8.32	8.65	0.92	1.14	48
TF33	10.55	10.89	0.72	0.68	48

表11-6　泡桐种间抗劈裂差异显著性分析

来源	因子	平方和	df	均方	F值	显著性
树种	径面	726.02	6	121.00	53.77	**
	弦面	779.62	6	129.94	40.40	**
误差	径面	740.39	329	2.25		
	弦面	1058.23	329	3.22		
总计	径面	43500.44	336			
	弦面	46105.56	336			

注：* 代表显著；** 代表次极显著。

表11-7　径面与弦面相关性分析

类别	项目	径面	弦面
径面	Pearson 相关系数	1	0.716274
	Sig.		3.92E-54
	样本数	336	336
弦面	Pearson 相关系数	0.716274	1
	Sig.	3.92E-54	
	样本数	336	336

注：表中 "E" 代表10的x 幂显著性Sig. 小于0.01为极显著。

11.1.2 环保物理法变色控制

11.1.2.1 南方雨淋实验

将泡桐原木锯成3 cm 厚板材，搭建木架或不锈钢架子，板材平面垂直架子横梁摆放，立式仰角在60°左右，减少板材因重力弯曲变形。雨淋实验安排在降雨量比较大的湖北咸宁地区。

雨淋实验结果分析：

表11-8　南方雨淋实验与未处理效果分析

颜色指标	板材类别	总色差	偏差	样品数
总色差	GSL-ck	5.60	2.48	288
	GSL	2.58	1.30	288
	HBM-ck	7.78	2.79	288
	HBM	2.29	1.28	288
	HNB-ck	5.90	2.82	288
	HNB	4.19	1.92	288
	LKL-ck	4.36	2.41	288
	LKL	2.74	1.17	288
	SDQ-ck	4.82	2.32	288
	SDQ	3.66	1.38	288
	SDYL-ck	6.53	2.79	288
	YL1	3.15	1.57	288
	Total	4.47	2.67	3456
亨特白度	GSL-ck	61.39	2.71	288
	GSL	64.72	1.68	288
	HBM-ck	61.39	2.69	288
	HBM	68.90	2.09	288
	HNB-ck	67.48	2.96	288
	HNB	69.38	2.15	288
	LKL-ck	62.78	3.27	288
	LKL	66.30	2.26	288
	SDQ-ck	62.80	2.57	288
	SDQ	67.76	2.49	288
	SDYL-ck	63.24	2.92	288
	YL1	68.08	2.66	288
	Total	65.35	3.83	3456

注：表中树种后边的CK表示实验对照。

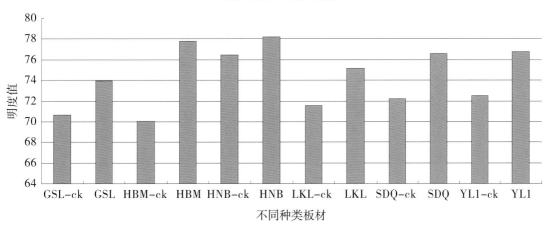

图11-2 不同种类泡桐板材雨淋处理明度效果对照

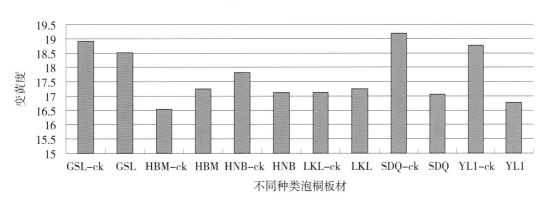

图11-3 不同种类泡桐板材雨淋处理变黄度效果对照

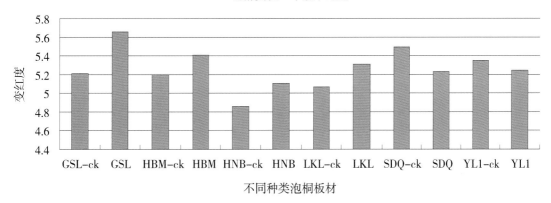

图11-4 不同种类泡桐板材雨淋处理变红度效果对照

雨淋实验二年前后效果对照

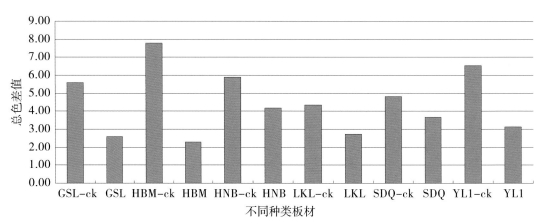

图11-5 不同种类泡桐板材雨淋处理总色差效果对照

雨淋实验二年前后对比

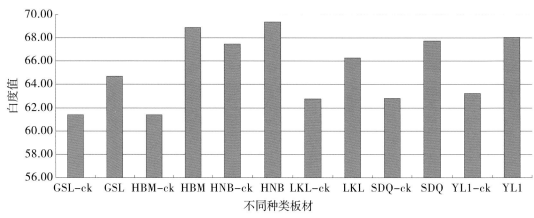

图11-6 不同种类泡桐板材雨淋处理总色差效果对照

从表11-8，图11-2至图11-6中可以看出，雨淋处理的木材亮度、白度明显好于对照样值；雨淋处理的总色差要明显低于未处理对照样的；变红度除了山东产的楸叶泡桐和豫林1号稍有降低外，其他种类泡桐都有不同程度提高；变黄度除了毛泡桐外，都有明显下降；木材内含物中含有淀粉、咖啡酸糖脂、多酚类等水溶性物质，木材经雨淋后指标变优，很可能跟木材中内含物随水分向外迁移溶出有关。

表11-9 雨淋板材颜色指标对比方差分析

项目	类别	平方和	自由度	均方	F	显著性
亮度	对照	26220.02	11	2383.64	390.82	0
	实验	21005.07	3444	6.10		
变红度	对照	135.882	11	12.35	29.96	5.67E-61

项目	类别	平方和	自由度	均方	F	显著性
	实验	1420.073	3444	0.41		
变黄度	对照	2614.913	11	237.72	108.95	7.7E-214
	实验	7514.556	3444	2.18		
总色差	对照	9349.531	11	849.96	190.51	0
	实验	15364.97	3444	4.46		
亨特白度	对照	27878.44	11	2534.40	383.16	0
	实验	22780.12	3444	6.61		

从表11-9中看出，经过雨淋处理的泡桐板材亮度、变红度、变黄度、总色差、白度全部达到极显著水平。即表明雨水对提高板材色泽指标有明显效果。

图11-7及图11-8分析结果显示：南方雨淋泡桐板材跟未处理比较，颜色指标明显好于未处理材。

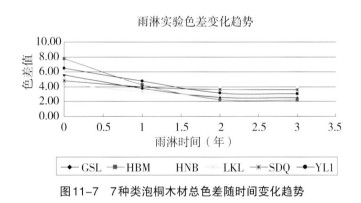

图11-7　7种类泡桐木材总色差随时间变化趋势

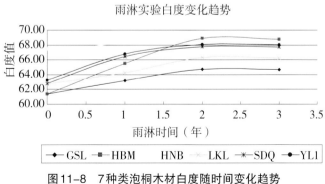

图11-8　7种类泡桐木材白度随时间变化趋势

雨淋对木材表层总酚含量影响：

一、实验材料与设备

六种从不同地区采取的泡桐，湖北毛泡桐、湖南白花泡桐、兰考县兰考泡桐、山东楸叶泡桐、山东豫林泡桐、甘肃兰考泡桐，各六株。制成板材，经过雨淋冲洗1年及未经过雨淋冲洗的试材，将含水率调整为10%±2%，取其表层5 mm，制成木粉。丙酮、福林酚试剂、单宁、碳酸钠试剂、紫外分光光度计、离心机。

二、实验方法

1. 酚类物质的提取

分别制作经过雨淋处理和未经过雨淋处理的试件，制取木粉。取木粉0.5 g 3份，分别放入试管，加入10 ml丙酮溶液，超声波提取48 h。6（树种）×6（棵树）×3×2=216，共216份提取液。

2. 制作标准曲线

根据预实验的实验结果制作标准曲线，尽量使试件的光密度值在标准曲线的取值的中间段。标准曲线的R2值应在0.99～1之间。选单宁为标准曲线的基准物。取5 ml离心管，从1～10分别编号，按表11-10加入溶液和水。

表11-10　标准曲线制作法

管号	0	1	2	3	4	5
基准物的量	0	0.1 ml	0.2 ml	0.3 ml	0.4 ml	0.5 ml
水	0.5 ml	0.4 ml	0.3 ml	0.2 ml	0.1 ml	0 ml
总体积	0.5 ml	0.5 ml	0.5 ml	0.5 ml	0.5 ml	0.5 ml
含有标准试剂的质量	0	5 μg	10 μg	15 μg	20 μg	25 μg

向以上试管别加入0.05 ml福林酚试剂，再加入0.25 ml浓度为1 mol/L的碳酸钠溶液，最后加入0.15 ml水，使总体积为0.5 ml，在横温下静置30 min，显色后离心3 min，取上清液，以空白为参比。在760 nm波长下比色测定，以酚含量为纵坐标，光密度为横坐标绘制标准曲线，用excel回归求出标准直线方程。

3. 测量总酚含量

从每份提取液中抽取3份0.5 ml的提取液至离心管，每种树有56份样品，取其平均值为实验结果。再向离心管内分别加入0.5 ml福林酚试剂，再加入2.5 ml浓度为1 mol/L的碳酸钠溶液，最后加入1.5 ml水，使总体积为5 ml，在横温下静置30 min，显色后离心3 min。进行比色。通过查标准曲线求出酚的含量，按下式计算测试样品中酚含量：

$$酚含量（mg/g）=\frac{C \times \dfrac{V}{a}}{W \times 10^3}$$

式中　　C——标准方程求得酚含量（μg）；

　　　　a——吸取样品液体积（mL）；

　　　　V——提取液量（mL）；

　　　　W——组织重量（g）。

　　　　V：0.5 mg木粉——10 ml丙酮

　　　　a：0.5 ml提取液

　　　　W：0.5 g 木粉

三、实验结果

六种泡桐经雨淋处理和未处理表层总酚含量如表11-11：

表11-11　不同处理泡桐表层份含量

树种名称	雨淋处理酚含量	未雨淋处理酚含量
HBM	3.531818	4.315897
HNBH	1.427894	1.617071
LKLK	3.001976	3.056185
SDQY	2.951432	2.966928
YL1	2.592304	2.594699
GSLK	3.089426	3.101813

从表11-11可以看出，雨淋处理后总酚含量均有下降，湖北毛泡桐、湖南白花泡桐雨淋处理后酚含量明显低于未雨淋处理，而山东楸叶泡桐、山东豫林泡桐和甘肃兰考泡桐下降幅度不大。

11.1.2.2 水浸泡法

室内防变色实验采用清水浸泡，正交实验设计，温度A、处理时间B、换水频率C及脱色液pH D值作为影响因子，每个因子设定3个水平，考虑交互作用，选择正交表$L_{27}(3^{13})$安排兰考泡桐试验，主要考察实验前后白度提高值及ΔE*（总色差）变化值。结果表明：

表11-12及表11-13显示：水温、浸泡时间、酸碱度pH值对减少色差、提高白度达到极显著水平，最佳组合为$A_3B_3C_3D_3$。即水温高、浸泡时间长、换水次数多、pH值为9时最有利于控制泡桐木材变色、提高白度。

表11-12　物理水浸泡桐材色差减少值方差分析

变异来源	偏差平方和	自由度	方差	F值	Fa	显著水平
温度	6.2489	2	3.1245	1494.635	F0.01（2，4）=18	***
时间	7.9394	2	3.9697	1898.976	F0.05（2，4）=6.944	***
ABCD	3.3109	2	1.6555	791.916	F0.1（2，4）=4.325	***
AB	1.8691	2	0.9345	447.047	F0.25（2，4）=2	***
换水	0.0042	2	0.0021			
ACBD	2.6503	2	1.3251	633.899		***
AC	3.0545	2	1.5272	730.577		***
BCAD	1.3464	2	0.6732	322.045		***
pH	32.9529	2	16.4765	7881.763		***

续表

变异来源	偏差平方和	自由度	方差	F值	Fa	显著水平
AD	1.5899	2	0.795	380.283		***
BC	0.4368	2	0.2184	104.484		***
BD	0.3584	2	0.1792	85.723		***
CD	3.1039	2	1.5519	742.392		***
误差e	0.0042	2	0.0021			

表11-13 物理水浸泡桐材白度提高值方差分析

变异来源	偏差平方和	自由度	方差	F值	Fa	显著水平
温度	7.7029	2	3.8514	205.581	$F_{0.01(2,4)}=18$	***
时间	7.3521	2	3.676	196.219	$F_{0.05(2,4)}=6.944$	***
ABCD	3.6983	2	1.8492	98.704	$F_{0.1(2,4)}=4.325$	***
AB	2.7197	2	1.3599	72.586	$F_{0.25(2,4)}=2$	***
换水	0.1586	2	0.0793	4.233		o
ACBD	2.3212	2	1.1606	61.951		***
AC	5.4166	2	2.7083	144.563		***
BCAD	2.789	2	1.3945	74.435		***
pH	14.5158	2	7.2579	387.409		***
AD	2.1997	2	1.0999	58.708		***
BC	0.5622	2	0.2811	15.004		**
BD	0.0375	2	0.0187			
CD	3.5203	2	1.7601	93.952		***
误差e	0.0375	2	0.0187			
修正误差e	0.0749	4	0.0187			
总和	53.031					

11.1.3 表面切削工艺

木材的切削加工是高效的开发利用木材资源的重要手段，其中木材刨削是重要的木材切削加工方式之一。木材的切削表面质量是评价木材切削加工的主要指标，进料速度和刨削深度是木材刨削加工中的两个重要刨削参数，直接影响着木材刨削的生产效率和刨削表面质量。由于泡桐材质松软，切削时易出现起毛、崩茬、撕裂等问题。因此，分析研究进料速度和刨削深度对于保证泡桐木刨削表面质量具有重要的理论和实践意义。本文采用四面刨机床对泡桐木进行刨削试验，在一定的刨刀转速条件下，分析研究不同进料速度和不同刨削深度对泡桐木刨削表面质量的影响。

11.1.3.1 材料

泡桐木（*P. tomentosa*），产地为河南郑州，木材经窑干处理，含水率为9 %，气干密度为0.281 g/cm³。按照ASTM D1666-87制备刨削试样，规格为910 mm×102 mm×20 mm（长×宽×厚）。

11.1.3.2 设备

刨削试验在威力四面刨上进行，如图11-9所示，试验时仅采用下水平第一刀轴进行刨削试验。刨刀参数为：刀齿为4个，刀具前角25°，楔角50°，后角15°，刀齿材料为硬质合金。

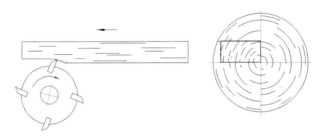

图11-9　刨削加工原理图

11.1.3.3 试验方法

本研究对规格泡桐木试件进行顺纹弦切面逆向刨削，分两组实验。第一组实验选择刨削参数为：刨削厚度为3.0 mm，刨刀转速为5000 r/min，改变进料速度为5.0（实际为6.0）、10.0、15.0（实际为14.0）、20.0、25.0、30.0 m/min。第二组实验选择刨削参数为：进料速度为20 m/min，刨刀转速为5000 r/min，改变刨削深度为1.0（实际为0.7）、3.0、7.0 mm。在每种刨削参数下，进行刨削试验5次，然后进行表面粗糙度测试5次，取平均值。

11.1.3.4 结果与分析

①进料速度对泡桐木刨削表面质量的影响

如表11-14所示，在刨刀转速为5000 r/min和刨削深度为3 mm的纵向刨削条件下，进料速度对泡桐木刨削表面粗糙度的影响。从表11-14中可以看出，进料速度由5 m/min增加到30 m/min，刨削表面粗糙度也随之增大。分析其主要原因在于，刨削过程中的单个刀齿的工作角度主要是由进料速度和刨刀转速决定，当在铣刀转速一定的条件下，随着进料速度的增加，运动后角随之增大，工作后角也随之减小，造成后刀面与刨削表面摩擦增大，导致纤维束被撕裂，许多个体纤维或小束纤维松散于板材表面并与板材保持一定角度产生起毛现象，增加了表面粗糙度，降低了表面质量。因此，在满足一定的泡桐木刨削表面质量前提下，可以尽量提高进料速度，以便提高生产效率。

表11-14　进料速度队刨削表面粗糙度的影响

进料速度（m/min）	泡桐木表面粗糙度均值（μm）
5	2.48
10	2.49
15	3.72
20	4.27
25	5.38
30	5.65

如图11-10所示，进料速度20 m/min，切削厚度3.0 mm条件下，刨削加工后早晚材表面质量体式显微镜下照片，照片放大倍数为14倍。矩形框中为泡桐木晚材部分，红色圆圈标示出来即为早材部位出现的明显挖坑。从图中可以看出，相对于早材部位的刨削表面质量，晚材部位较好。这主要是因为，早材部位的密度低于晚材部位的密度，造成早材的横向抗拉强度低于晚材，容易产生劈裂，也就是早材切削过程的挖切现象。

图11-10　刨削加工后早晚材表面质量

如图11-11所示，进料速度在5 m/min和30 m/min条件下，刨削表面体视显微镜采集图像。从图中可以看出，其他条件不变的情况下，在低进料速度时，早材部位的泡桐木纤维略有撬起，晚材部位没有明显的纤维撕裂现象，这也说明晚材的刨削表面质量好于早材部位的刨削表面质量。而在高进料速度条件下，早材和晚材部位均有明显的起毛、挖切或凹坑等缺陷出现，其中产生挖切现象的原因主要在于，在铣刀的主运动速度没有变化的条件下，随着进料速度的增加，单个刀齿的运动后角随之增大，工作前角也随之增大，较大的工作前角易形成纵向切削时的挖切现象。同时，随着进料速度的增大，切割间距逐渐增大，从而导致刀具对试件切割不均匀，进一步加剧了刨削表面的质量。

刨刀转速为5000 r/min，刨削深度3 mm，
进料速度为5 m/min

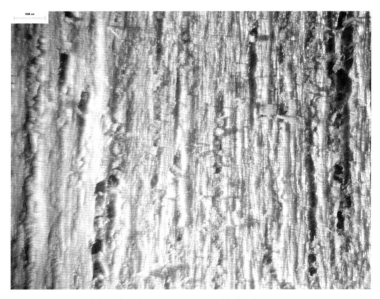

刨刀转速为5000 r/min，刨削深度3 mm，
进料速度为30 m/min

图11-11　不同进料速度条件下刨削表面图像

②刨削深度对泡桐木表面质量的影响

如表11-15所示，在刨刀转速为5000 r/min，进料速度分别为5 m/min、15 m/min、20 m/min的纵向刨削条件下，刨削深度对泡桐木刨削表面粗糙度的影响。

表11-15　刨削深度对刨削表面粗糙度的影响

刨削深度（mm）	泡桐木表面粗糙度均值（μm）		
	进给速度 5 m/min	进给速度 15 m/min	进给速度 20 m/min
1	2.93	4.66	5.05
3	2.48	3.72	4.27
7	4.75	5.70	6.56

从表11-15中可以看出，在其他条件不变的条件下，刨削深度由1 mm增加到7 mm，刨削表面粗糙度先有所下降后显著增大。其粗糙度先降低的可能原因是，在刨削深度过小时（1 mm），刨削加工趋向于磨削加工，增大了表面粗糙度，随着切削厚度的增大，提高了表面质量。而随着铣削深度的进一步增大，表面质量大幅下降的主要原因是，在铣刀转速和进料速度不变的条件下，随着铣削深度的增加，单个刀齿的平均切削厚度随之增大，易造成切削表面产生起毛现象，增加了表面粗糙度，降低了表面质量，同时随着刨削深度的增加，后刀面对工件已加工表面的作用力增大，进一步破坏已加工表面刨削质量。这也就说明，在其他条件不变的条件下，随着刨削深度的增加，刨刀单个刀齿的平均切削厚度增大，而平均切削厚度的增加，降低了刨削表面质量。因此，为了提高泡桐木刨削表面质量，应该适当降低刨削余量，即降低刨削深度。

如图11-12所示，在刨刀转速为5000 r/min进料速度为15 m/min，刨削深度分别为3 和7 mm的刨削条件下，刨削表面两处早、晚部位的体式显微镜照片。从图11-12中可以看出，刨削深度为3 mm时，刨削表面无明显挖切凹坑，而刨切深度为7 mm时，已加工表面出现了明显的起毛和挖切。

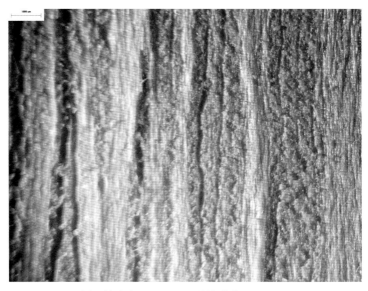

刨刀转速为5000 r/min 进给速度15 m/min
刨削深度为3 mm

刨刀转速为5000 r/min 进给速度15 m/min
刨削深度为7 mm

图11-12 不同刨削深度条件下刨削表面照片

结论:

1)随着进料速度的增加,刨削表面粗糙度增加,早、晚材部位也是随着进料速度增大,逐渐出现泡桐木纤维起毛、撕裂,甚至出现挖切、凹坑,表面质量降低。

2)随着刨削深度的增大,刨削表面粗糙度也随之增大,早、晚材部位也是随着刨削深度的增大,逐渐出现泡桐木纤维起毛、撕裂,表面质量降低。

3)相同刨削参数条件下,晚材刨削表面质量优于早材刨削表面质量。

11.2 高档全桐家具

泡桐木材材质均匀,强重比高,丝绢色泽,色调乳白淡雅,花纹美观,尺寸稳定性好,不易开裂,翘曲变形小,易于加工,泡桐木材同其他木材比较,不易吸湿,不易变形,耐腐难燃,是制造家具的上等材料。我国古代就有制造桐木家具的记载,古代皇帝以及部落酋长都曾用桐木做棺木。中华人民共和国成立以来,各项事业快速发展,特别是改革开放以后,泡桐木材加工产业快速发展,桐木广泛用于加工家具的半成品材料拼板及小件工艺品,产品远销日本、韩国、东南亚及欧美国家,为国家赚取大量外汇,同时带动了乡镇企业的发展。河南开封地区、山东菏泽地区有很多人员从事泡桐木材加工,并由此发家致富,而这些地区也有过去经济落后走向了繁荣。泡桐木材适于家具制造,我们的邻居国家日本,年轻人结婚时父母都要送给他们一套全新桐木家具作为祝福,在日本桐木是幸福吉祥的象征,这一点跟我国古代相类似。

在国家林业公益性行业专项"泡桐装饰材新产品研发及优良品系选育研究"课题的资助和支持下,国家林业局泡桐研究开发中心科研人员,于2015年9月6日—9月11日,赴日本京都大学生存圈研究所进行学术考察交流,就泡桐木材资源、利用途径、变形控制、木基复合材料等进行了交流与探讨；与新潟桐木加工企业举办座谈会，就泡桐木材资源，国内外泡桐发展状况与趋势、泡桐木材技术、桐木变色及防治技术、腐朽、防霉、变形等进行了学习、考察与交流，参观了日本当地主要桐木加工企业生产线及其产品展示，对日本桐木企业实现机器人高精尖加工生产，及其产品质量追求卓越，精益求精，所有产品质量均能够达到工艺品级别，经济效益极其显著，让人印象深刻！日本桐木加工企业有以下特点：

11.2.1 加工工艺

泡桐选材——原木造材锯板—–板材脱色处理——圆锯横截——带锯纵解——表面刨光——下料——表面纹理处理——开隼槽——验缝——装配

日本桐木加工工艺，总体上虽跟我国相差不多，但是，他们每一项工艺都精益求精，一丝不苟，在选材上，首先要做到材质一致，其次木材年轮一致，颜色均一，纹理宽度及平行度一致，这样做出来的家具会有艺术感；原木造材时，板材厚度误差很小，这样精度高，而且节约用材；原木造材后，毛板一般都要进行变色预防、脱色等一系列处理，降低桐材变色风险，同时，降低桐材应力，减少变形；然后进行后续精加工如横截、纵解、刨光等，在下料阶段，对材料选用特别重视，会根据产品的总体美观需要，选择不同颜色、色调、年轮、部位的材料，增加家具的美感及协调；而且在这一阶段还有表面纹理处理，使木纹纹理平行、雅致、美观；隼槽是机器结合手工操作，非常精细，颇显工匠精神，一遍遍精工细作，在家具连接处看不到任何缝隙存在，更不会出现毛刺及缺损，日本桐木家具基本看不到使用钉胶，完全是纯天然木质产品。

11.2.2 日本家具用材

日本泡桐资源是从我国引进，栽培量不大，大部分属于野生，但是繁殖力极强，根据日本朋友介绍，经常在田间、庭院、工厂边长出野生泡桐，且生命力旺盛，小苗有时一年生的长到5～6 m，大多开紫花，日本人很喜欢，看起来有点像兰考泡桐品种。日本泡桐年轮极窄，只有4～5 mm左右，密度在0.25 g/cm³，可用于高档家具制造和装饰材料。过去日本不采伐本土树木，因其森林覆盖率达到近80%，长期不采伐容易造成树木底部的植被破坏，容易造成雨水冲刷，发生泥石流等自然灾害，所以，近年来日本鼓励对森林密度过大、达到轮伐期的树木如柳杉、泡桐、桧木等进行采伐，其中泡桐木材主要用于制造家具、工艺品等。日本本土的桐木资源很少，远远满足不了市场需求，主要靠从我国进口。

11.2.3 日本桐木文化

日本人认为桐木是吉祥幸福的象征，年轻人如果经济条件允许，婚嫁时必定买一套桐木家具作为存放衣服用。跟日本人探讨，他们认为桐木尺寸稳定性好，干燥后不受潮，加之其气密性好，所以桐木家具有防潮隔潮作用；日本是地震、台风等自然灾害多发国家，灾害造成的房倒屋塌时桐材家具不容易砸伤和碰伤人；还有桐木细胞腔大，相对密闭，保温隔热性能好，冬暖夏凉，质感好，且不变形，经久耐用，故桐木家具及其制品在日本特别受欢迎，日本过去传统家庭用家具产品桐木能达到50%，有的家庭甚至从书桌、椅子、卫生间地板到墙壁装修材料，100%采用桐木材料，桐木已经成为日本人心中的吉祥幸福木。据调查，因为桐木家具价格高，加之现在日本年轻人收入降低，参加工作时间短，积蓄少，买不起桐木家具，影响了桐木家具制品的销售。

11.2.4 桐木加工技术及其制品

日本工厂车间里的生产设备很多，机械化程度高，工人很少，一名工人管理或操作多台设备，生产效率很高。生产的关键工艺，或者是重复性强，操作条件恶劣的工位，都是机器人在生产。而我国在木材加工行业，机器人鲜有使用。特别是针对软质桐材，日本有专用高精尖机床，切削方式跟传统的也不一样，表面视觉效果好，我国缺少这一类机床，据说，日本对高精尖机床限制出口。综合比较来说，我们国内的家具生产线设备装备水平跟日本比，还是有很大的差距，有些机床我们国内还没有生产制造。国内应该基于桐木特软特性，开发相应适于软质材高精度机械加工设备。

日本桐木家具生产工艺水平非常高，达到艺术品级别质量。生产线前端有机器人、高端机床，后端组装是人工加传统工具，结合使用高精密机床。家具的气密性特别好，抽屉类的家具，你轻推其中一件抽屉，会把另一件抽屉顶出，他们的家具非常精密，表面看不出任何空隙、缺陷瑕疵，件件都是精品。日本企业特别重视质量，精益求精，把每件桐木家具都做成了工艺品，反观我国桐木制品，粗制乱造，很难谈上美和艺术价值，可惜了我们这么好的原材料！日本桐木家具在结构、链接、表面处理等方面都有独到之处，值得我们学习。

日本的桐木家具售价很高，卖得是艺术品的价格，几十万、几百万日元一件的家具很多，其中见到一件卖465万一件的日本桐木家具（图11–13），参加过巴黎博览会大展，设计师也是在欧洲的日本人设计的，用料至多是0.1 m³，材料价值也就是1万日元左右，经过加工桐木价值得到了真正体现，他们一件家具产生的价值是我国的几倍乃至三十几倍之多，相比较我国，最好的企业，一件全桐家具也就是八九千元一件，算是不错的了。日本企业的产品高附加值经济效益非常明显。

图11–13　全桐木大衣柜

日本的桐木家具制造技术跟我国的有很大不同，生产工艺是高端机械设备、高精机床加手工艺传统技术，另外针对桐木特性，在结构上、连接件、表面处理方面有巧妙构思和特别措施，所制造的产品看起来极为自然、美观、大气、精密、有艺术感，能使人产生购买或者长期保存的欲望。

11.2.5 桐木产品市场

日本在针对家庭用品方面，有HOMECENTER，也就是家庭材料中心，只要你能想到的东西，在这个超市里都有销售，其中包括木质家具、家具装修建材等等，一应俱全。桐木做的椅子、桌子、茶几、模数家具、菜板、饭碗、工具盒等等，只要是家庭里可能用到的，企业就有制造，考虑的极其周到。这里可以用挖空心思来比喻，就是努力去创造新产品，提升客户的消费欲望。

对来自中国的桐木，有一些材质缺陷，日本人说有些品种特别是在加工时容易产生黑斑烧焦变色，影响产品外观质量，另外因生长速度快，强度不高，建议我们从家具及家装建材市场需求的角度提供好的优良品质桐木。因我国的桐木质量下降，现在日本一些企业从美国进口自然慢速生长的桐木制造高端家具。

11.3 泡桐木质套装门

11.3.1 泡桐木质套装门产业发展现状

木质套装门这种现代木质门产品走向市场始于20世纪90年代。近年来，随着国民经济的快速发展，我国现代木质门制造业得到了迅猛发展。在城市和一些发达地区的乡镇，传统门框式木门几乎被现代木质套装门所取代，而建筑装饰业的高端市场几乎是欧式木门一统天下，建筑装饰业的快速发展，推动着现代木质门产业越做越强、越做越大，现代木质套装门产业成为木制品行业中举足轻重的产业。

我国木质门产业自20世纪90年代中期从北方兴起发展至今已有近20年的历史，特别是近年来随着国民经济的快速发展，国民收入迅速增加，全国木质门产业2004年总产值尚不足200亿元，到2014年全国木质门总产值已达到800多亿元。目前，全国大大小小的木质门生产企业超过10000余家，其中具备一定规模、采用现代化木工机械生产的企业达到或超过3000余家。随着木质门行业之间竞争的不断加剧，我国木质门行业正朝着生产标准化、企业规模化、装备现代化、产品品牌化方向发展。

就材料而言，传统木质门单纯由木材制造，现代木质门不但包括木材，还集合了集成材、人造板(胶合板、刨花板、中密度纤维板、细木工板、防火板、科技木等)、铝合金、橡胶、胶黏剂、PVC薄膜、木塑、皮革、各种封边材料以及现代五金件等多种现代化材料。但是，到目前为止，完全用泡桐木材制造现代木质门的产品市面上尚没有见到，客户出于对泡桐木材的认知和喜爱，仅仅是向生产商定制泡桐木质门产品，但是价格不菲。

泡桐木材轻、易加工、质白、纹理美观、光泽柔和，尤其是隔音、防火性能好。由于原材料来源丰富，泡桐木质门产品物美价廉。

11.3.2 泡桐木质门套

11.3.2.1 门套的造型设计

门套作为套装门的一部分，除了应具有使用功能外，还应具有装饰性。因此，门套的造型设计非常重要。进行门套造型设计时，应根据客户的要求或者企业的生产工艺条件进行门套的结构选型，在确定门套结构选型的基础上完成其造型设计。

11.3.2.2 门套的常用造型：

编号与名称	结构形式	结构特点
A型		①制作相对简单； ②生产成本较低； ③无法在门套板上设计造型，其造型只能体现在门套线上。
B型		①制作相对简单； ②需要较厚的人造板材； ③较A型多了一个造型元素，既可在非门口一侧门套板端铣出较大圆弧造型，也可在门套上造型。
C型		①制作相对复杂； ②耗料较多但坚固； ③造型元素相对较少，只能在门套线上造型。
D型		①制作相对复杂； ②门套宽度调整余地大； ③造型元素相对较少，只能在门套线上造型。
E型		①制作相对复杂； ②需要较厚的人造板材； ③可造型元素较多，既可在非门口一侧门套板端铣出圆弧造型，也可在门套线上造型； ④单侧门套线与门套板预先加固定在一起。
F型		①结构简单； ②门套板上无可造型元素，只能在门套线上造型； ③单侧门套线与门套板预先连接成一个整体。

续表

编号与名称	结构形式	结构特点
G型	主门套板+门套线（组合体）　副门套板　门套线	①制作相对简单； ②可造型元素少，只能在门套线上进行造型； ③单侧门套线与门套板预先连接成一个整体。

11.3.2.3 门套的机械加工

1）按照已经完成的泡桐木质套装门的产品设计和工艺设计，落实生产任务，严格按照安全操作规程对泡桐木质门套进行机械加工，保质保量完成生产任务。

2）生产材料尽管门套的结构多种多样，就泡桐木质门套而言，主要材料只要有泡桐实木、泡桐单板、泡桐集成材、中密度纤维板、刨花板、多层板、单板层积材、细木工板、非泡桐木质集层材等。因泡桐木材的密度较轻，握钉力不能满足五金件的安装要求。因此，泡桐木质门套的立挺，也就是安装五金件的部位需要用非泡桐木材材料代替，如：可用中密度纤维板、刨花板、多层板、单板层积材等。无论选用中密度纤维板、刨花板、多层板或者单板层积材，均需要根据产品设计要求对所选用的材料事先完成泡桐木质单板贴面。

3）机械加工

（1）推台锯

推台锯是木材加工企业常用的一种精密锯切设备，该设备生产灵活性强、锯切精度高，在木制品生产过程中应用广泛，缺一不可。在泡桐木质套装门的生产中，该设备可用于各种板材的横截，对所需材料的定长和定宽进行精密裁边，完成对门套板、以及门套线等零部件的精密裁切。带有可调角度的推台锯，还可以灵活、精切的完成对门套零部件的45°角锯切，如：门套板的45°角锯切和门套线的45°角锯切等，见表11-16。

表11-16　MJ6130推台锯工艺参数

裁板最大长度	3000 mm
裁板最大宽度	1250 mm
主锯片转速	4500/6000 r/min
划线锯片转速	8000 r/min
主锯片规格	（250～400）min×30 mm
划线据规格	120×20 mm
锯片可调角度	0～45°
电机功率	4.75 kW

（2）四面刨

四面刨主要用来将锯材、方料等的四个面进行刨光或者进行型面铣型，四面刨的刀轴最少是4个，最多可达8~10个，其中4个刀轴、5个刀轴的四面刨最为普遍。泡桐木质门套生产常选用MBQ412A型四面刨，见表11-17。

表11-17 MBQ412A型四面刨

最大刨削宽度	120 mm
最小刨削宽度	20 mm
最大刨削厚度	100 mm
最小刨削厚度	8 mm
最小刨削长度	180 mm/450 mm
刀轴转速	6800 r/min
进料速度	6～24 m/min
刀轴直径	40 mm
电机功率	15.95 kW

四面刨是现代木质套装门生产中最重要的生产设备之一，利用四面刨可完成实木门的门边、中庭和上下枓头的边部铣型，对门扇压线进行铣型，对门套线的铣型以及对门档线的铣型等。

（3）单立铣

单立铣简单说就是单轴立式木工铣床，见表11-18，主要用来加工直线行的平面、直线行的型面、曲线形的型面、去现行的平面等。此外，单立铣还可以进行开榫、裁口等机械加工。

表11-18 MX5118型单立铣

工作台尺寸	1000 mm*750 mm
主轴转速	5000 r/min，6000 r/min，8000 r/min
最大铣削厚度	180 mm
主轴装刀孔径	35 mm
电机功率	6 kW

在木质套装门生产中，单立铣主要用于门扇零件的边部铣型、门扇压线铣型、门套板铣槽、门档线铣槽及其倒圆、门套线铣型等的机械加工。

（4）双立铣

在木制品生产中，当遇到曲线形工件在长度上与中点对称或者近似对称时，通常采用双轴立式铣床进行加工，双轴立式铣床加工可以是平面，也可以是型面。曲线形的平面加工需要用曲线形的模具靠住双立铣上的档环来完成，曲线形型面的加工是利用曲线形的模具靠住立铣上的档环和成型铣刀来完成加工。泡桐木质门套可选用MX5318双轴立铣铣床，见表11-19。

表11-19 MX5318双轴立铣铣床

工作台尺寸	1600 mm×690 mm
主轴转速	6000 r/min，8000 r/min
主轴装刀孔径	35 mm
电机功率	6 kW

双立铣在泡桐木质套装门生产中起着非常重要的作用，如当门扇枨头的木线为曲线造型时，采用单立铣就无法完成曲线造型的加工，必须采用双立铣设备。因为单立铣只适合直线形木线的铣型加工，当进行曲线形造型木线铣型加工时，势必会遇到木材的局部逆纤维方向的铣削加工，这种逆纤维方向的铣削必然会造成木材表面的撕裂，造成无法修复的表面缺陷，而采用双立铣进行曲线铣型加工，就可以很好地避免这一现象的发生。主要是利用双立铣的双轴转向相反的功能，在对枨头其中一半曲线进行加工时，采用一个方向的旋转刀头进行顺纤维方向铣削，当铣削到一半即将进行逆纤维方向铣削时，就可以将被加工件很方便地转移到另一个刀头进行铣削，这时仍然是顺纤维方向加工，从而有效保证了被加工件的表面质量完好无损。

（5）万能包覆机

万能包覆机主要采用刮涂方式使用油性包覆胶将PVC膜、浸漆纸、木皮等贴覆于各种直线形木制品零部件表面一次完成贴覆，见表11-20。

表11-20 MBF-300A型万能包覆机

工作台尺寸	4200 mm×500 mm×2100 mm
涂胶方式	刮涂油性包覆胶
涂胶宽度	300 mm
最大加工高度	80 mm
送料速度	0~25 m/min
电机功率	8 kW

万能包覆机是现代木质复合套装门生产必不可少的设备之一，主要用于长度方向为直线，断面为复杂曲面或者直线造型的门扇压线、门套线、主副门套板进行表面装饰包覆。泡桐木质门套包覆采用热熔胶进行包覆。

（6）真空覆膜机

真空覆膜机广泛用于各种凹凸面以及各种平面的贴面加工，可在不同规格的凹凸、平面基材板面上完成真空吸覆。其工作原理是强力正负压真空吸覆，保温节能，升温快，易操作，节约材料，一机多用，可进行PVC膜、木皮、木纹纸、彩绘膜、高光膜、免漆纸、热转印等装饰加工。泡桐木质套装门生产可选用MF2511型负压万能包覆机，见表11-21。

表11-21 MF2511型负压万能包覆机

工作台净里尺寸	2500 mm×1140 mm
最大加工长度	2440 mm
最大加工宽度	1080 mm
最大加工厚度	65 mm
真空度	≤−0.1 Pa
电热功率	2.2 kW+0.55 kW
电机功率	19.2 kW

（7）木工钻床

木质套装门零部件钻孔的类型主要为：圆棒孔，用来安装圆榫，实现各个零部件的定位；连接件孔，通过连接件孔完成各个零部件的连接和安装；导引孔，通过导引孔实现各类螺钉的定位以及拧入；铰链孔，用来门铰链的安装。

木工钻床根据结构和使用功能的不同，种类很多。按主轴的位置区分，有立式钻床、卧式钻床、组合钻床，按主轴数目区分，有单轴、单排钻床，多轴、多排钻床。木质套装门生产可使用MZ7121单排木工钻床，见表11-22。

表11-22 MZ7121单排木工钻床

钻轴数量	21
钻轴间距	32 mm
最大钻孔直径	50 mm
最大钻孔行程	60 mm
钻轴转速	2800 r/min
压紧支撑架挡距	860 mm
水平钻孔钻轴升降高度	6～30 mm
电机功率	1.7 kW

11.3.3 泡桐木质门加工

11.3.3.1 门的造型设计

门作为套装门的一部分，除了应具有使用功能外，其装饰性更为重要。因此，进行门的造型设计时，应根据客户的要求或者企业的生产工艺条件进行门的结构选型，在确定门的结构选型的基础上完成其造型设计。

11.3.3.2 门的常用造型

实木门通常有以下几个部件组合拼装而成：上、下冒头，边梃，中梃，芯板（镶板）。

实木门详细结构以及常见的部件连接方式见图11-14，图11-15所示。

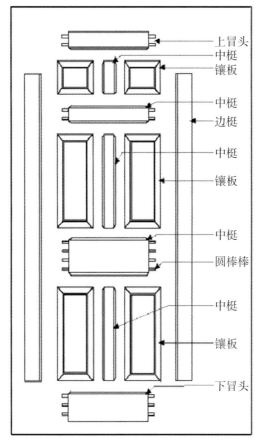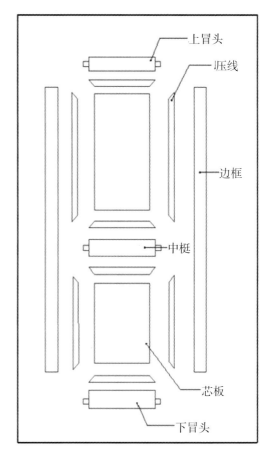

图11-14　实木门结构部件及名称

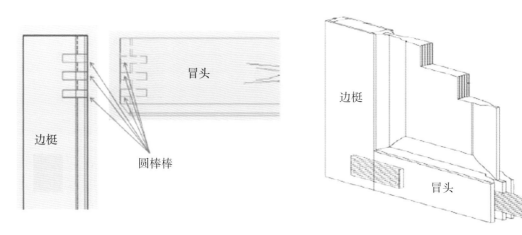

图11-15　实木门部件的常见连接方式

　　由于实木门在结构上一直延续榫卯结合的方式，以圆棒榫链接方式和直角榫链接方式较为常见。在表面装饰方面，实木门因常选用较贵重木材，为了体现木材的本身纹理的美观，因此实木门的造型主要以雕刻件镶嵌的方式作为装饰。

　　实木结构对造型的影响主要体现在以下几个方面：

　　1.门面图案造型

实木门表面做图案造型，主要是贴雕刻件。通过各种不同类型的雕刻件，增强实木门的造型感，同时带给实木门整个的立体形象，打破整体平面的呆板造型。

2.压线（装饰木线条）

压线的主要的功能作用是固定门芯板，另外压线还具有分割木门表面，形成木门外观造型的作用。压线本身的造型凹凸有致，通过压线将门芯板围合起立，体现整体木门外观造型。

3.门芯板造型

门芯板造型随着压线在实木门表面的分割位置而变化多样，门芯板除了本身造型有大小各异的矩形，圆弧形等不同类型之外，芯板边缘也可以进行铣型，与压线连接处造型相呼应，最终形成不同的木门外观形象。

4.边梃造型

有些实木门造型简单，仅是木板结构，但为了避免平板一块的呆板形象，在实木门的边梃做成型铣边，铣边既满足了边梃与芯板的结合要求，又给实木门表面带来造型。

实木门的常见造型：见图11-16及图11-17。

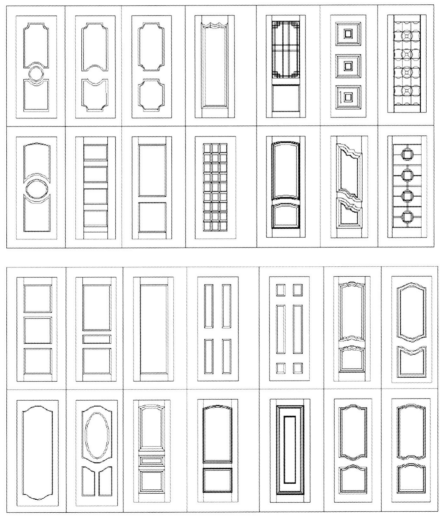

图11-16　常见的实木线条木质门造型

欧式实木门常见造型实木压线：

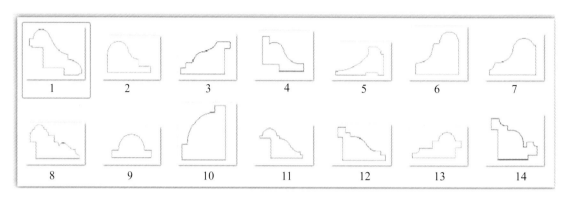

图11-17　市场上主要的木线条截面造型

11.3.3.3 木质门的造型与表面装饰

造型与装饰是表现产品外观的最主要形式。门扇的造型是木质门设计中重要的组成部分，是体现木质门风格的主要表现手段。门型的成功与否，不仅影响整个木质门的效果，也影响着消费者的选购心理。装饰是对造型的修饰，是提升木质门外观形象的表现方法。

在木制门逐渐走向定制化，多样化的现代家居产品设计中，优雅的造型以及吸引消费者的装饰无疑是判断一个产品好坏的最直接标准。因此对于木质门来讲，表面的造型以及装饰至关重要。

造型与装饰均包含艺术美学。对产品进行造型装饰设计，实际上是在创造产品的同时给产品增加一层艺术感，一种吸引人的魅力。造型设计是直接面向消费者的设计，装饰设计是在文化的沉积下产生新生命的设计，两者都是以消费者为导向的创造性艺术活动。

造型以及装饰设计在木质门设计中的作用如下三个方面：

1）体现产品设计价值

通过对市场的产品调研分析，发现木门表面造型的设计层出不穷，一块门板上，可以有无数种表面造型设计方案，但设计方案过多，在消费者面前演变成为一种饱和设计，最终导致消费者对刺激习惯化，因此购买者仅从木门表面造型很难做出购买决定。此时，表面的装饰设计就起到了画龙点睛的作用，不仅可以赋予造型赏心悦目的外观，装饰用材本身，也是设计体现方式。因此，造型设计为消费者提供了选择的空间，而装饰设计可以是木门面向消费者的设计去习惯化，为消费者提供选择的目标造型与装饰设计相辅相成，共同表达着设计的价值。

2）提高产品价值，匹配室内装饰风格

造型与装饰分别在风格与价值上表现产品的设计。表面装饰实质上是提升木门的产品价值的另外一种手段。随着木材的快速流通，生产设备不断的改进以及加工工艺和结构的改变，木门企业从材质以及质量方面已经很难再增加木门的价值，而表面装饰可以通过艺术化的表现形式或装饰用材的选择可以大大提高被装饰对象的价值。同时，木质门的造型丰富，装饰性强，对居室的装饰起着重要的点缀作用，运用时，对木质门的装饰、造型、结构应该与室内连成一体，与室内整体协调一致，共创装饰的环境氛围。不同的造型图案与装饰效果相搭配，形成了欧式古典、美式田园、法式宫廷等当前流行的不同木质门风格。木门表面造型与装饰既满足了室内装饰风格的要求，又提高了木门本身的价值。

3）打破产品的同质化现象

由于木门生产工艺简单，几乎没有技术壁垒，于是同质化成为木门企业难以避免的硬伤。新款产品上市，只要销量好，不久市场就会有类似款出现。而通过造型与装饰设计正可以打破这种现象。企业可以对自己产品的造型申请外观设计专利，同时利用高附加值的装饰工艺和材料建立木门表面装饰效果的技术壁垒，使得产品具有独特性，避免了同质化的产生。

11.3.3.4 门的机械加工

1）按照已经完成的泡桐木质套装门的产品设计和工艺设计，落实生产任务，严格按照安全操作规程对泡桐木质门进行机械加工，保质保量完成生产任务。

2）木材含水率

泡桐木材，包括非泡桐木质材的含水率应控制在8%～12%之间，同一批产品所用木材的含水率应基本一致。

3）材质标准

（1）外表材质不得使用腐朽材内部或者封闭部位使用腐朽材面积不得超过零部件面积10%。

（2）产品受力部位用材的斜纹程度不得超过15%，安装铰链部位用材选用非泡桐木材，如：中密度纤维板、细木工板、集成材、多层板、刨花板等代替。

（3）板材上的节子有死节和活节之分，能够反映天然质感的可以使用带有活节的板材，但活节的面积应有所控制。活节的宽度应不超过可见板材宽度的1/3，活节的直径不超过12 mm，经过修补之后不影响产品强度和外观。

（4）其他轻微缺陷如裂纹（贯穿纹除外）、钝棱等，应进行修补，修补后不影响产品结构强度和外观，见表11-23。

表11-23　泡桐木质套装门所用木材质量要求

	木材缺陷	门扇的门挺、冒头、中砍	压条、压线	门芯板	门框
活节	不计个数、直径（mm）	＜15	＜5	＜15	＜15
	记个数、直径	≤材宽的1/3	≤材宽的1/3	≤30 mm	≤材宽的1/3
	任一延长米个数	≤3	≤2	≤3	≤5
死节		允许，计入个数	不允许	允许，计入个数	
髓心		不露出表面的允许	不允许	不露出表面的允许	
裂缝		深度及长度≤厚度及材长的1/5	不允许	允许可见裂纹	深度及长度≤厚度及材长的1/4
斜纹的斜率		≤7	≤5	不限	≤12
油眼		非正面允许			
其他		波浪纹理、圆形纹理、偏心允许，化学变色不允许			

11.3.3.5 加工设备

实木门生产常用的设备主要有：配料设备，包括细木工带锯机、横截圆锯机、总裁圆锯机；平面加工设备，包括平刨、单面压刨；净料加工设备，包括锯床、镂铣机、双端锯、砂光机、木工钻床等。

1. 细木工带锯机

细木工带锯机主要用于门扇枓头等曲工件的边部曲线加工下料。曲线形零部件，通常使用细木工带锯机加工粗线型的毛料，后续加工根据产品造型设计采用各种类型的铣床进行加工。细木工带锯机由于加工灵活、操作方便，被广泛应用在各类实木门生产。泡桐木质套装门生产可选用MJG396U型细木工带锯机，见表11-24。

表11-24　MJG396U型细木工带锯机

锯片线速	1800 m/min
主锯轮直径	600 mm
最大加工宽度	400 mm
通过工件高度	300 mm
电机功率	5.5 kW

细木工带锯机主要在加工异型门扇零部件时使用，如：加工圆弧型的门枓头或者中挺等。

2. 横截圆锯机

横街圆锯机主要用于各种规格的锯材、方料、和净料的横向截断。横截圆锯机能够方便地实现垂直于木材纹理方向横截锯材，以获得长度规格要求的板材毛料和净料。泡桐木质套装门可使用MJ640型摇臂万能木工圆锯机，见表11-25。

表11-25　MJ640型摇臂万能木工圆锯机

锯片直径	350 mm
最大锯切宽度	640 mm
最大锯切厚度	120 mm
伸臂回转度	45°
主轴回转度	360°
主轴转速	2960 r/min
电机功率	2.2 kW

3. 纵裁圆锯机

总裁圆锯机是实木门生产备料工段的常用设备，用于对宽锯材、方料倍数毛料的纵向裁分。在实木门企业备料加工中，常用的有单锯片式纵裁锯和多锯片式纵裁锯。具体到泡桐木质套装门生产可用MJ153型单锯片式纵裁锯，见表11-26。

表11-26　MJ153型单锯片式纵裁锯

锯片直径	250 mm
锯轴直径	25.4（30）mm
锯切厚度	10~60 mm
最短加工长度主轴转速	290 mm
主轴转速送料速度	4500 r/min
送料速度	8～25 m/min
喉深	460 mm
加工厚度	85 mm
电机功率	2.2 kW

4. 平刨

实木门生产中木门工件的基准面包括门边（门挺）、枵头、中挺、横档的大小面和端面的刨光采用平刨，基准面的刨光是实现后续机械加工能够顺利进行的保障。泡桐木质套装门生产可使用MB503木工平刨床，见表11-27。

表11-27　MB503木工平刨床

主轴转速	5800 r/min
最大刨削宽度	250 mm
最大刨削量	5 mm
刀轴切削量	75 mm
电机功率	2.2 kW

5. 压刨床

压刨床主要作用是将已刨好基准面的工件进行刨光和定厚。压刨床的工作台可以根据工件的厚度要求，沿床身上的垂直导轨方便地实现升降调整。因此，通过压刨床刀轴的高速旋转，可以轻易的将工件刨削成产品设计所需要的厚度。泡桐木质门生产选用MB104单面压刨床，见表11-28。

表11-28　MB104单面压刨床

主轴转速	5000 r/min
最大刨削宽度	400 mm
最大刨削量	3 mm
刨削工件厚度	10～120 mm
刨削工件最小长度	220 mm
送料速度	6.5～9 m/min
电机功率	3 kW

6. 双端锯

双端锯是两台位于工作台两侧的横截圆锯的组合，用于两端同时锯切。泡桐木质门生产可选用MX8020双端锯，见表11-29。

表11-29　MX8020双端锯

锯轴转速	3000 r/min
铣轴转速	7500 r/min
最大加工宽度	2000 mm
最小加工宽度	260 mm
加工厚度	10～70 mm
挡料块间距	400 mm
送料速度	5～20 m/min
电机功率	5.5 kW～7.5 kW

7. 砂光机

选用何种砂光机械和砂光工艺直接影响企业的生产效率和产品质量，泡桐木质门生产企业必须根据企业自身的特点、规模、生产能力、工件情况、加工任务、经济实力等因素科学选择，最终达到保证产品质量、提高产品档次，同时有效降低产品和企业成本。砂光机的种类繁多，泡桐木质门生产在不同的工段所使用的砂光设备也不同，主要有手提式砂光机、宽带砂光机、异形多功能砂光机等。手提式砂光机多用于局部砂光，异形砂光机用于不规则形状部件的砂光，宽带砂光机用于平面砂光。泡桐木质门扇砂光可选用MSG1300宽带砂光机，见表11-30。

表11-30　MSG1300宽带砂光机

加工宽度	40～1300 mm
加工厚度	2.5～100 mm
加工长度	≥630 mm
1#砂光架砂带速度	18 m/s
2#砂光架砂带速度	12 m/s
送料速度	6～30 m/min
电机功率	35.5 kW

11.3.3.6 泡桐木质门加工工艺

泡桐木质门主要有平板门和欧式门，其加工工艺有很多种，下面介绍一种比较成熟有效的工艺方案。本文仅就泡桐欧式实木门生产作一介绍。欧式实木门是最早在市场上流行的一种套装门产品，其起源于上世纪90年代中期，由于其高雅并富于自然美的品性，始终受到很多人的追捧，欧式实木门可谓是门类产品中的经典。欧式实木门的设计非常重要，主要包括：门扇门面图案设计、门面压线造型设计、门芯板造型设计和门扇结构设计。

1)门面图案：实木欧式门扇是所有欧式造型门扇中最富于门面图案变化的一种产品，因为木材的可加工性能好，既可以进行直线加工也可以进行曲线加工，做成各种弯曲类的异形件，因此可设计出各种风格的门面图案。

2）门面装饰木线断面结构：欧式实木门门面图案中围成各种几何图形的压线（木线）均采用泡桐实木制成，故不收材料厚度的限制，可以把压线的外形尺寸做大一些，尺寸大自然也就可以在断面造型上有较大的发挥空间，极大地丰富了压线造型要素。

3）门芯板断面结构：门芯板是门扇造型中不可忽视的一部分，门芯板的造型主要是在其四周边缘30～60 mm宽度的范围内，由厚变薄的过渡带通过曲线、直线的不同组合，产生各种不同的变化，与门扇图案和压线造型相呼应，形成一个理想的装饰效果。

4）门面图案：门面装饰木线断面结构和门芯断面结构成为欧式实木门造型三要素，在进行门扇设计时，不要把每个造型要素孤立起来考虑，三者之间要风格一致，才能相得益彰，实现门扇造型的最佳效果。同时，还要考虑门扇的结构，确保产品加工生产具有可行性。

5）加工工艺：欧式泡桐木质门加工工艺如图：

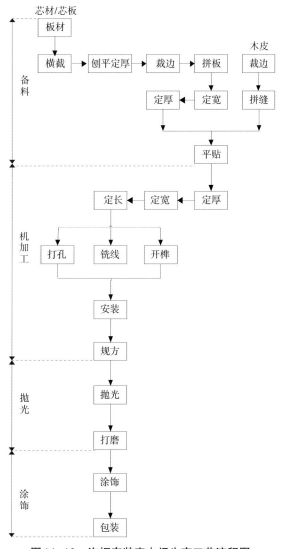

图11-18　泡桐套装实木门生产工艺流程图

由图11-18可以看出，泡桐套装实木门生产就门扇而言，从生产加工工艺流程包括备料、机加工、抛光、涂饰等四个基本阶段，每个阶段又可分为若干工序。泡桐套装实木门（力挺安装五金件的部位和门芯板采用泡桐木皮贴面工艺）加工工艺流程中的重点工序分析如下。

11.3.3.7 木皮备料工序

泡桐木皮单板选择干形统直、材质优良的原木，经过热处理充分软化后，刨切成薄木单板，单板的纹理由于切削方向的不同（径切、弦切）也不同。切好的木皮需要进行裁边和拼缝，拼成所需要的宽度单板。裁边和拼缝通过精裁机和拼缝机完成。裁边和拼缝注意控制以下几方面的内容。

1. 木皮的选择

木皮的质量直接决定产品的外观效果，因此木皮的选择至关重要，一般情况，门边和帽头等选用径切木皮，门芯板可以考虑选用弦切木皮，如图11-19。

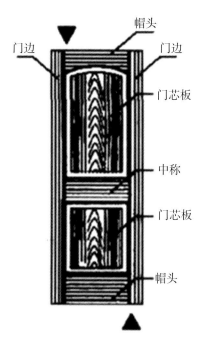

图11-19　实木门及纹理

2. 泡桐木皮的保管

木皮的含水率是影响木皮起层和开裂的重要因素，因此木皮的保管十分重要，木皮的保管要求做到以下几点：

1）避免阳光直射。

2）保持木皮储存室良好的通风。

3）保持木皮储存室温度和湿度，温度：10 ℃～30 ℃，湿度：20%～60%。

3. 木皮的裁边和拼缝

由于木皮宽度的常常不能满足生产的要求，门芯板用木皮经常怒要对木皮实施拼缝工艺。裁边、拼缝重点控制以下几点：

1）裁边的精度，为避免裁边崩茬，一定要保证精裁机刀具足够锋利。

2）裁边后木皮小边的垂直度，要求一次裁切的厚度不能超过30 mm，如果一次裁边厚度过厚，就会导致出现楔形。裁边成楔形将难以保证木皮拼缝整齐、严密。

3）拼缝机的温度要足够高，保证胶线能够充分熔化，这样可以很好提高木皮拼缝的强度以及木皮平贴的强度。

4）裁边机和拼缝机要保证清洁，特别是不要使木皮粘上油渍，否则将直接木皮的粘贴强度和表面质量。

4. 木皮的平贴工序

木皮的平贴是泡桐木质实木门加工工艺的一个重要环节，该工序的指标是粘贴强度，对该工序应严格控制、认真对待，做到施胶均匀，粘贴牢固，同时还要注意避免因施胶过大出现透胶。

1）环境

环境因素主要是温度和湿度，温度和湿度控制的好与坏对泡桐木皮的粘贴质量都好产生影响。泡桐木皮粘贴环境要求，温度：10 ℃～30 ℃，湿度：20%～60%。

2）车间保持清洁

车间的清洁与否，看似简单，实际上对泡桐木皮的粘贴质量影响却很大。第一要保证待加工材料没有灰尘、油渍等，其次是保证工作台面和设备本身干净。

3）芯材的选用

泡桐木质门力挺部位力学强度的大小决定着五金件安装后门本身的使用寿命。因此，泡桐木质门力挺建议采用硬杂木集成材作为其芯材，除力挺之外的部分采用泡桐实木。

4）胶的使用

泡桐木皮粘贴使用的胶有木胶粉、粉末胶等等，本文以粉末胶为例进行阐述：

（1）粉末胶的配兑比例为粉末胶：水 =2：1；

（2）配兑时要边倒胶边搅拌，保证粉末胶充分溶解；

（3）保证在胶的开放期之内进行粘贴，粉末胶的开放期为3 min；

（4）粉末胶的储存环境，在10 ℃～30 ℃的干燥环境中贮存。

5. 木皮粘贴

力挺和门芯板均为平面，该两种部件均采用平贴工艺。力挺和门芯板芯材分别通过双辊涂胶机涂胶后，将泡桐木皮平铺在力挺和芯材上，分别送入热压机进行加温加压。

1）选用的热压机

平贴通常采用热压机，热压机分为电加热、油加热和蒸汽加热等多种，泡桐木皮平贴采用德国产的蒸汽加热短周期热压机。

热压机参数。压力：25 bar/m^2～35 bar/m^2，温度：70 ℃～110 ℃；加压时间：2 min～3 min。

2）陈化

热压完成后，胶的粘贴强度尚没有达到生产要求，必须经过冷却陈化处理，使胶的粘贴强度达到要求，粉末胶陈化72 h后粘贴强度可以达到最大值。一般陈化7～8 h就可以进行后续的加工，不会对产品质量造成影响。

11.3.3.8 门扇的安装

安装是将各个部件组装成整体门扇，重点是安装的严实程度、平整度和强度。

安装的严实程度指部件结构之间(门边和帽头之间、门边和中称之间等)所留有的缝隙大小。规定结构缝隙不能超过0.2 mm(如图11-19▲标记处)。安装严实程度取决于部件加工精度、安装参数、施胶及陈化处理时间。

11.3.3.9 加工精度

门扇组装以前，所有工序必须严格按照技术文件要求进行加工。技术文件包括图纸、下料单和工艺流程卡等等。一般影响加工精度的部件加工工序分成两个阶段。第一阶段是机加工前期，包括部件的定厚、定宽和定长等工序。第二阶段为机加工的后期，包括部件打孔、铣线形和开榫等工序。部件加工的前期阶段包括部件的定厚、定宽和定长工序，即将部件的厚度、宽度和长度加工到规定的尺寸和精度，是后期阶段加工的基础环节。使用的设备为：定厚加工为顶底砂光机，定宽使用的是德国生产的六轴四面刨，定长使用的是德国生产的双端锯铣机。部件定厚易出现的问题是波纹。波纹产生的原因主要是砂光机进给速度过大和砂带本身接头不符合标准。应选择砂带接头平整的砂带，进给速度按生产要求进行调整，一般的规定。进给速度为3～5 m/min。再就是啃头。啃头产生的主要原因是一次砂削量过大造成，泡桐木质套装门规定砂削量为0.2 mm。

部件定宽易出现的问题主要是啃头和不方。啃头产生的主要原因是六轴四面刨靠比没有靠紧部件，导致部件吃刀时颤动而产生，可以通过将靠比靠紧，或靠比使用强度较大的弹簧作弓子加以解决。不方主要产生的原因是六轴四面刨工作台面有木屑和设备比子不方正导致。可以通过调试好设备，使比子和工作台面保持垂直，改善除尘系统，使工作台面保持清洁来解决。

泡桐木材材质松软，泡桐木质门部件定长易出现的问题主要是崩茬，造成崩茬的原因主要是主锯和引锯的调整不在同一平面。可以通过调整引锯位置，使引锯和主锯处于同一平面内。

由于前期阶段加工精度的保证，部件加工后期主要做好：门边线形和帽头榫的配合控制点，第一刃具的线形是否和技术文件要求相符。第二门边刃具和帽头刃具线形配合严密。第三部件加工好之后要进行试配，试配一定要在安装机上进行安装(不涂胶)，这样可以真实看出部件配合程度，一定不能只用手简单进行组装来验证。门边和帽头孔的配合，应注意打孔的基准，门边和帽头应使用一个基准面，并作出标记，这样部件之间孔的配合才不会出问题，部件之间的线形配合也才会完美。

11.3.3.10 门扇安装的参数设定

影响门扇安装严实程度的另一个原因就是安装。在保证部件机加工精度的同时，设定安装参数尤为关键。压力：40 bar～50 bar；加压时间：10 min。加压压力和时间因胶种的不同选择而设定，选择不同的胶种加压压力和加压时间略有不同。

1)涂胶

安装的严实程度和涂胶的质量有密切关系，门边线形、槽和帽头的榫都要涂胶，涂胶要均匀到位，不得漏涂。

2)陈化

由于部件刚刚组装完毕，胶的结合强度尚没有达到最高，要通过陈化使胶的结合强度达到设计要求。一般陈化72 h，胶的粘接强度能够达到最大。

3）门扇安装的平整度

门扇安装的平整度是安装的一个重要指标，一定要加强重视。另外，安装完成后进行陈化时，放置门扇的垫板一定要平整，而且要有一定的刚度，防止陈化过程中门扇变形。

实木门的加工质量与其加工工艺密切相关，确定了合理的加工工艺还不够，还需按照操作规程严格执行，对各工序进行严格的质量控制。需要强调的是，工艺流程图列出的所有工序都很重要，若有一道工序出现问题，都会影响木门的整体质量和效果，尤其是木皮的准备、木皮的平贴和门扇的安装是重点中的重点，应特别重视。只有严格控制工艺流程中的每一个环节，才能充分保证实木门的质量和效果。

11.3.3.11 涂装

像其他家具产品一样，泡桐木质门的表面涂装效果，将直接影响消费者对泡桐木质门产品的选择，所以表面涂装在泡桐木质门生产过程中显得尤为重要。要获得质量优异的漆膜，表面处理的合格与否、涂料的品质是否优良、涂装工艺是否正确、涂装技术是否熟练等至关重要。就目前而言，大多数企业仍在使用传统的家具涂料进行实木门表面涂装，木制品加工企业都知道，传统木制品涂料的主要使用对象是贴纸和贴木皮产品，对泡桐木质门这样的实木产品来讲，很容易出现流挂、起鼓、下陷、白线等漆病。为此，我们针对泡桐木质门产品改良研发了一种专用涂料，有效地解决了上述问题，最终获得了满意的涂装效果，使泡桐木质门的涂装效率大幅提高。该泡桐木质门专用涂料，主要采用改性耐磨树脂和进口的增强耐磨防沉原料配制而成，具有施工方便、性能优越的特点。

1）实木门涂装常见漆病分析

（1）流挂

传统的木制品涂料用于木门涂装时，不能实现正反面一次施工，必须等到一面（正面）的漆膜表干后才能对另一面（背面）进行施工。即延长了生产时间，而且在对另一面进行涂装时，刚表干的正面会被空气中雾化的漆液所污染，造成漆膜起麻点，手感不好；如果喷涂好正面后，立即喷涂背面，没有表干的正面则会出现流挂，因此，施工难度较大。要解决这一问题，除了改进生产工艺之外，最简单的办法就是选择合适的涂料。

（2）硬度较差

就漆膜的硬度而言，通常只有办公台面才会选用硬度高的木制品涂料，如今消费者对实木门产品表面的漆膜硬度要求普遍较高。个别木门企业为了降低成本而选用质量档次较低的涂料，有些缺乏信誉的企业，擅自改变涂料各组分的搭配，放弃涂料企业配套的固化剂而采用价格低廉、质次的固化剂。

（3）起鼓下陷

木材导管起鼓下陷，是实木制品涂装中经常遇到的问题之一。尤其夜间施工，昼夜温差大的西北、东北地区更易出现这类问题。主要原因是当素材做好的底漆经过打磨后，再喷涂面漆时木材的表面木纹，即学术上说的导管会大量地向上冒使木纹鼓起，待面漆表干后，随之出现大量的下陷，严重地影响了产品的涂装效果。

2）为更好地解决以上问题，我们研发了泡桐实木套装门专用涂料。

（1）泡桐木质门专用涂料的参考配方及设计原理

泡桐木质门专用涂料参考配方见表11–31。

表 11-31　泡桐木质门专用涂料参考配方

原料名称	质量百分数 /%	规格	产地
改性醇酸树脂	70～75	工业品	中国国精合成材料有限公司
合成脂肪酸	6～8	工业品	中国广东美涂士化工有限公司
二氧化硅粉	3～6	工业品	日本
消光粉	1.2～3	工业品	日本
防沉剂	0.5～1	工业品	日本帝司巴隆
助剂	0.8～1	工业品	德国BYK 公司
有机锡	0.05～0.1	工业品	美国
丙二醇甲醚醋酸酯	7～10	工业品	中国江苏

① 针对易流挂的问题，我们采用了帝司巴隆的助剂，有效地控制了施工中的流挂现象，使之在湿膜中有持续性的防垂和防沉作用。

② 为了得到满意的漆膜硬度，我们除了使用配套的高硬度固化剂外，还通过添加适量二氧化硅粉的方法加以解决，再采用一些特殊助剂把二氧化硅粉托在漆膜的表面，不仅得到了理想的漆膜硬度，而且还有效提高了漆膜的耐磨性，产品价格还不致提高太多。

③ 为了解决起鼓下陷的问题，我们选用了防下陷性能较好的改性醇酸树脂研制木门专用底面漆。

（2）产品检测及结果

1. 仪器设备

试验用仪器、设备见表11-32。

表 11-32　仪器设备

设备名称	规格型号	产地
分散机	U400/80～220	中国上海
电子天平	Max/d 2000/0.01 g	日本
刮板细度计	QXD 型 0～50 μm	中国天津
喷枪	2.0/77	中国台湾
粘度计	NDJ-8S	中国上海
铅笔硬度计	PPH-I	中国上海
岩田二号粘度杯	NK-2	日本
光泽计	WGG60-E3	中国泉州

2. 实验室试验结果

实验室试验结果见表11-33。

表11-33　实验室试验结果

项目	专用漆	通用性家具漆	高档耐磨家具漆
树脂	改性醇酸树脂	FE20-70	长川207-70
固化剂	BG82	BG77	BG77
稀释剂	BX800	BX800	BX800
配比	1.0∶0.5∶0.8	1.0∶0.5∶0.8	1.0∶0.5∶0.8
施工粘度/s	11	11	11
硬度	3H	H	3H
流挂	不易流挂	易流挂	易流挂
白线	无白线	有白线	有白线
下陷	平整光滑	下陷	轻微下陷
成本	适中	低	高

注：a.固化剂、稀释剂均使用美涂士公司产品；b.实验条件：温度25℃、相对湿度70%，喷涂；c.底材为白花泡桐木材；d.硬度按照国标检测，流挂、下陷性能目测。从试验数据来看，用改性耐磨树脂研制的实木门涂料，硬度高、耐磨性好、防下陷、防流挂性能都很优越；通用家具漆产品涂装实木门时则易出现上述弊病；高档家具漆性能稍好一些，但制造成本偏高。

3. 现场测试结果

为检验产品的适用性，我们选择在专门生产泡桐实木门的企业生产了泡桐木质门进行现场测试，测试结果见表11-34。

表11-34　现场测试结果

项目	专用漆	产品A	产品B
固化剂	BG82	配套使用	配套使用
稀释剂	BX800	配套使用	配套使用
配比	1.0∶0.5∶0.8	按说明配比	按说明配比
施工粘度/s	11	13	12
硬度	3H	H	3H
流挂	不易流挂	易流挂	易流挂
下陷	平整光滑	下陷	轻微下陷
白线	无	有白线	有白线
施工工艺	正反面连续施工	正反面不能连续施工	正反面不能连续施工
成本	适中	低	高

注：a.测试条件：温度23～27℃、相对湿度65～75%，喷涂；b.硬度按照国标检测，流挂、下陷性能目测；c.测试选用材质相同的实木门具。

在涂装该泡桐木质门门专用涂料时，正面喷涂完可以立即翻面对背面进行施工，不会因雾化导致污染而影响正反面的漆膜表面效果及手感，正反两面均未出现塌陷现象。施工更加容易，漆膜平整、光滑，施工效率大幅提高，有效提升了泡桐实木门的产品质量和价值。

第十二章　经济效益可行性分析

泡桐木材可以加工的产品类型很多，建筑装饰材、家具等属于规模化工业加工利用潜在用途产品，现就其加工利用进行效益分析。其他未介绍的产品加工效益分析与此类同。

12.1 泡桐木材墙壁板效益分析

传统工艺生产的泡桐墙壁板，大多企业没有考虑到不同泡桐品系特性，桐木材质特点，加之桐材变色防治、表面加工缺陷控制、变形、涂饰等技术不过关，A、AB及B级品率很低，而三级品（C）率很高，降低了企业效益。林业公益性行业科研专项"泡桐装饰材新产品研发及优良品系选育研究"，在不同泡桐品系基本材性（颜色、密度、硬度、强度等）评价、泡桐木材变色预防、板材表面加工缺陷如掉块、脆裂等克服、变形控制、油漆涂饰色差过大等关键技术取得突破并应用，研发的墙壁板可使A、AB或B级品率大幅度提高。计算如下：

原木 1 m³，净板出材率 35%，即 1 m³ 原木可生产净板成品为 0.35 m³，其中A级品占 50%，B级品占 30%，C级品率占 20%，按照A级板 12000 元/m³，B级板 9000 元/m³，C级板 4800 元/m³，其中加工剩余物中 50% 材积可用于生产细木工板，售价 2800 元/m³，碎料剩余物按 30% 计算，用于纤维板 MDF 制造，价格按 400 元/m³，其他 20% 按损耗损失。售价：0.35×50%×12000+0.35×30%×9000+0.35×20%×4800+（1−0.35）×50%×2800+（1−0.35）×30%×400=4369 元；原木到厂成本：1600 元/m³；加工/管理成本：1000 元/m³；总成本：2600 元/m³；利润=收益−总成本=4369−2600=1769 元；利润率=利润/收益=1769/4369=40.5%（见表 12−1）。

如果生产传统的拼板，原木 1 m³，收益 2720 元，总成本 2450 元，利润 270 元，利润率 9.9%（见表 12−1）。

表12−1 墙壁板、拼板产品生产利润率分析

项目	出材率	售价元/m³	收益	原料成本	加工成本	管理成本	总成本	利润	利润率%
墙壁板/%			4369	1600	800	200	2600	1769	40.5
主产品m³	0.35	3381	3381						
A/%	50	12000	2100						
B/%	30	9000	945						
C/%	20	4800	336						
剩余物m³	0.65	988	988						
边角料/%	50	2800	910						

续表

项目	出材率	售价元/m³	收益	原料成本	加工成本	管理成本	总成本	利润	利润率%
碎料/%	30	400	78						
损耗/%	20	0	0						
拼板			2720	1400	850	200	2450	270	9.9
主产品m³	0.4	1808	1808						
A/%	50	5000	1000						
B/%	30	4200	504						
C/%	20	3800	304						
副产品									
剩余物m³	0.6	912	912						
边角料/%	50	2800	840						
碎料/%	30	400	72						
损耗/%	20	0	0						

12.2 泡桐木材家具制造效益分析

国内桐木家具：泡桐木材不易变形开裂，切削容易，尺寸稳定性好，木材具有丝绢色泽，是制造家具的上好材料。国内桐木家具多集中在衣柜、低柜、储物柜等品种，中低档次较多。国内桐木家具视家具规格、材质、色泽、做工、质量等的不同，价格也有明显差异，总的来说卖得还不错，一件中低高度的储物柜标价在3000元上下，大衣柜6000~7000元，而原料成本只有几百元，加上做工费和管理费，成本在1000元上下，故生产桐木家具效益可观。

日本桐木家具：日本桐木家具原材料大多数从我国进口，但日本桐木家具特别考究，从木材纹理、颜色、色调、结构、家具连接件、表面处理等都尤其独特之处，日本一件上好的大衣柜售价464万日元，合人民币20多万元，比日本的普通汽车还要贵，制造桐木家具利润非常惊人！日本的桐木加工业，走得的是高端制造、高附加值之路，向质量和技术要效益，他们生产的桐木家具售价比我国要高二三十倍，经济效益明显，这主要取决于其制造家具的质量，家具大卖场见不到粗制乱造产品，每件产品都是艺术佳作，做工非常精细、精益求精。

附件：国家林业局泡桐研究开发中心获得的泡桐木材加工利用专利授权

证书号第1237728号

发 明 专 利 证 书

发 明 名 称：变色木材脱色罐

发 明 人：常德龙；黄琳；黄文豪；胡伟华；李福海

专 利 号：ZL 2010 1 0591067.9

专 利 申 请 日：2010 年 12 月 16 日

专 利 权 人：国家林业局泡桐研究开发中心

授权公告日：2013 年 07 月 17 日

　　本发明经过本局依照中华人民共和国专利法进行审查，决定授予专利权，颁发本证书并在专利登记簿上予以登记。专利权自授权公告之日起生效。

　　本专利的专利权期限为二十年，自申请日起算。专利权人应当依照专利法及其实施细则规定缴纳年费。本专利的年费应当在每年 12 月 16 日前缴纳。未按照规定缴纳年费的，专利权自应当缴纳年费期满之日起终止。

　　专利证书记载专利权登记时的法律状况。专利权的转移、质押、无效、终止、恢复和专利权人的姓名或名称、国籍、地址变更等事项记载在专利登记簿上。

局长　田力普

2013 年 07 月 17 日

第 1 页（共 1 页）

证书号 第540228号

发明专利证书

发 明 名 称：木材表面真空镀膜制造方法

发 明 人：常德龙；王玉魁；王群有；黄文豪；于文吉
邱帖轶；胡伟华；李福海；张云岭；李煜延；谢青
马志刚

专 利 号：ZL 2007 1 0053855.0

专利申请日：2007 年 1 月 17 日

专 利 权 人：国家林业局泡桐研究开发中心

授权公告日：2009 年 8 月 19 日

　　本发明经过本局依照中华人民共和国专利法进行审查，决定授予专利权，颁发本证书
并在专利登记簿上予以登记。专利权自授权公告之日起生效。

　　本专利的专利权期限为二十年，自申请日起算。专利权人应当依照专利法及其实施细
则规定缴纳年费。缴纳本专利年费的期限是每年 01 月 17 日前一个月内。未按照规定缴纳
年费的，专利权自应当缴纳年费期满之日起终止。

　　专利证书记载专利权登记时的法律状况。专利权的转移、质押、无效、终止、恢复和
专利权人的姓名或名称、国籍、地址变更等事项记载在专利登记簿上。

局长

2009 年 8 月 19 日

第 1 页（共 1 页）

发明专利证书

证书号 第1836420号

发 明 名 称：泡桐板材立式喷淋防变色处理方法

发 明 人：常德龙;黄文豪;张云岭;胡伟华;李福海

专 利 号：ZL 2014 1 0124858.9

专利申请日：2014 年 03 月 31 日

专 利 权 人：国家林业局泡桐研究开发中心

授权公告日：2015 年 11 月 11 日

　　本发明经过本局依照中华人民共和国专利法进行审查，决定授予专利权，颁发本证书
并在专利登记簿上予以登记。专利权自授权公告之日起生效。

　　本专利的专利权期限为二十年，自申请日起算。专利权人应当依照专利法及其实施细
则规定缴纳年费。本专利的年费应当在每年03月31日前缴纳。未按照规定缴纳年费的，
专利权自应当缴纳年费期满之日起终止。

　　专利证书记载专利权登记时的法律状况。专利权的转移、质押、无效、终止、恢复和
专利权人的姓名或名称、国籍、地址变更等事项记载在专利登记簿上。

局长
申长雨

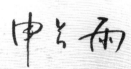

2015 年 11 月 11 日

第 1 页 (共 1 页)

175

证书号 第1621094号

发明专利证书

发 明 名 称：泡桐木材脱色处理方法

发　　明　　人：胡伟华；常德龙；黄文豪；张云岭

专　　利　　号：ZL 2013 1 0112589.X

专利申请日：2013 年 04 月 02 日

专 利 权 人：国家林业局泡桐研究开发中心

授权公告日：2015 年 04 月 01 日

　　本发明经过本局依照中华人民共和国专利法进行审查，决定授予专利权、颁发本证书并在专利登记簿上予以登记。专利权自授权公告之日起生效。

　　本专利的专利权期限为二十年，自申请日起算。专利权人应当依照专利法及其实施细则规定缴纳年费。本专利的年费应当在每年 04 月 02 日前缴纳。未按照规定缴纳年费的，专利权自应当缴纳年费期满之日起终止。

　　专利证书记载专利权登记时的法律状况。专利权的转移、质押、无效、终止、恢复和专利权人的姓名或名称、国籍、地址变更等事项记载在专利登记簿上。

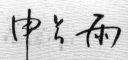

局长
申长雨

2015 年 04 月 01 日

第 1 页 (共 1 页)

证书号 第1724617号

发明专利证书

发 明 名 称：一种利用杨木或杨木和泡桐制造仿珍贵木材的方法

发 明 人：张云岭;常德龙;胡伟华;朱玉琳;黄文豪

专 利 号：ZL 2014 1 0164118.8

专利申请日：2014 年 04 月 23 日

专 利 权 人：国家林业局泡桐研究开发中心

授权公告日：2015 年 07 月 15 日

　　本发明经过本局依照中华人民共和国专利法进行审查，决定授予专利权，颁发本证书并在专利登记簿上予以登记。专利权自授权公告之日起生效。

　　本专利的专利权期限为二十年，自申请日起算。专利权人应当依照专利法及其实施细则规定缴纳年费。本专利的年费应当在每年 04 月 23 日前缴纳。未按照规定缴纳年费的，专利权自应当缴纳年费期满之日起终止。

　　专利证书记载专利权登记时的法律状况。专利权的转移、质押、无效、终止、恢复和专利权人的姓名或名称、国籍、地址变更等事项记载在专利登记簿上。

局长
申长雨

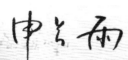

第 1 页 (共 1 页)

证书号 第1552906号

发明专利证书

发 明 名 称：木材色斑脱色杯

发　明　人：常德龙;张云岭;黄文豪;胡伟华;李福海;关倩;谢青
岳华峰

专　利　号：ZL 2013 1 0046227.5

专利申请日：2013 年 02 月 06 日

专 利 权 人：国家林业局泡桐研究开发中心

授权公告日：2014 年 12 月 24 日

　　本发明经过本局依照中华人民共和国专利法进行审查，决定授予专利权，颁发本证书
并在专利登记簿上予以登记。专利权自授权公告之日起生效。

　　本专利的专利权期限为二十年，自申请日起算。专利权人应当依照专利法及其实施细
则规定缴纳年费。本专利的年费应当在每年 02 月 06 日前缴纳。未按照规定缴纳年费的，
专利权自应当缴纳年费期满之日起终止。

　　专利证书记载专利权登记时的法律状况。专利权的转移、质押、无效、终止、恢复和
专利权人的姓名或名称、国籍、地址变更等事项记载在专利登记簿上。

局长
申长雨

2014 年 12 月 24 日

第 1 页 (共 1 页)

证 书 号 第1400108号

发 明 专 利 证 书

发 明 名 称: 泡桐木材脱色处理装置

发 明 人: 常德龙;黄文豪;谢青;黄琳

专 利 号: ZL 2012 1 0097035.2

专利申请日: 2012 年 04 月 05 日

专 利 权 人: 国家林业局泡桐研究开发中心

授权公告日: 2014 年 05 月 07 日

　　本发明经过本局依照中华人民共和国专利法进行审查、决定授予专利权、颁发本证书并在专利登记簿上予以登记。专利权自授权公告之日起生效。

　　本专利的专利权期限为二十年，自申请日起算。专利权人应当依照专利法及其实施细则规定缴纳年费。本专利的年费应当在每年 04 月 05 日前缴纳。未按照规定缴纳年费的、专利权自应当缴纳年费期满之日起终止。

　　专利证书记载专利权登记时的法律状况。专利权的转移、质押、无效、终止、恢复和专利权人的姓名或名称、国籍、地址变更等事项记载在专利登记簿上。

局长
申长雨

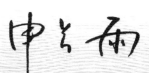

2014 年 05 月 07 日

第 1 页 (共 1 页)

证书号 第 1458044 号

发明专利证书

发 明 名 称：以泡桐木材为原料制造生态型泡桐木质墙板的方法

发 明 人：张云岭;常德龙;胡伟华;朱玉琳;关倩;黄文豪;韩黎雪
崔俊昌

专 利 号：ZL 2013 1 0112762.6

专利申请日：2013 年 04 月 02 日

专 利 权 人：国家林业局泡桐研究开发中心

授权公告日：2014 年 08 月 06 日

　　本发明经过本局依照中华人民共和国专利法进行审查，决定授予专利权，颁发本证书
并在专利登记簿上予以登记。专利权自授权公告之日起生效。

　　本专利的专利权期限为二十年，自申请日起算。专利权人应当依照专利法及其实施细
则规定缴纳年费。本专利的年费应当在每年 04 月 02 日前缴纳。未按照规定缴纳年费的，
专利权自应当缴纳年费期满之日起终止。

　　专利证书记载专利权登记时的法律状况。专利权的转移、质押、无效、终止、恢复和
专利权人的姓名或名称、国籍、地址变更等事项记载在专利登记簿上。

局长
申长雨

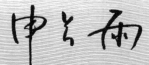

2014 年 08 月 06 日

第 1 页 (共 1 页)

证 书 号 第 1784022 号

发 明 专 利 证 书

发 明 名 称：用软质速生林木制造高密度板材的方法

发 明 人：常德龙;张云岭;胡伟华;黄文豪;李福海

专 利 号：ZL 2013 1 0166370.8

专利申请日：2013 年 05 月 08 日

专 利 权 人：国家林业局泡桐研究开发中心

授权公告日：2015 年 09 月 09 日

  本发明经过本局依照中华人民共和国专利法进行审查，决定授予专利权，颁发本证书
并在专利登记簿上予以登记。专利权自授权公告之日起生效。

  本专利的专利权期限为二十年，自申请日起算。专利权人应当依照专利法及其实施细
则规定缴纳年费。本专利的年费应当在每年 05 月 08 日前缴纳。未按照规定缴纳年费的，
专利权自应当缴纳年费期满之日起终止。

  专利证书记载专利权登记时的法律状况。专利权的转移、质押、无效、终止、恢复和
专利权人的姓名或名称、国籍、地址变更等事项记载在专利登记簿上。

局长
申长雨

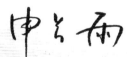

2015 年 09 月 09 日

第 1 页（共 1 页）

参考文献

ＳＫ巴塔查里亚．金属填充聚合物—性能和应用[J]，北京：中国石化出版社，1992．

奥山庆彦．日本公开特许公报，1983，昭57–199609．

白秀琴．真空镀膜技术在塑料表面金属化上的应用[J]，武汉理工大学学报，2005，(6)：947～950

鲍甫成，江泽慧，等．中国主要人工林树种木材性质，中国林业出版社，1998：97～160．

鲍甫成，吕建雄．木材渗透性可控制原理研究！林业科学，1992，28(4)：336～342．

鲍甫成，吕建雄．中国重要树种木材流体渗透性的研究[J]，林业科学，1992，28(3)：237：246．

曹平祥，郭晓磊．木材切削原理与刀具[M].中国林业出版社，2010：09–11．

常德龙，黄文豪，张云岭．四种泡桐木材材色的差异性[J].东北林业大学学报，2013，41(8)：102～104，112．

常德龙．人工林木材变色与防治技术研究[D]，哈尔滨市，东北林业大学博士学位论文，2005．

常德龙，张云岭，胡伟华，等．不同种类泡桐的基本材性[J].东北林业大学学报，2014，42(8)：79～81．

陈旅翼，赵磊，余晓辉，等．白花泡桐不同部位的熊果酸含量测定[J]，中药材，2007，30(8)：914–915．

陈乙林．泡桐叶在养殖业中的应用[J]，农家科技，2008(5)：34．

陈玉和，陆仁书．木材染色进展[J].东北林业大学学报，2002，30(2)84～86．

成俊卿．木材学[M].北京：中国林业出版社，1995．

成俊卿．泡桐属木材的性质和用途的研究（二）[J].林业科学，1983，19(2)：153～167．

成俊卿．泡桐属木材的性质和用途的研究（一）[J].林业科学，1983，19(1)：57～66．

成俊卿．泡桐属木材的性质和用途的研究（三）[J].林业科学，1983，19(3)：284～291．

程娟中国传统木雕门窗装饰图案在现代应用中的研究[D].重庆：重庆大学，2009．

大雅贺司．家具用材的变色和胶着性（2）[J]，鸟大农研报，1983，35：50～56．

党新群，蒋磊．浅议电磁辐射与环境污染[J]，新疆环境保护，2000，22(2)：115～117．

杜欣，师彦平，李志刚，等．毛泡桐花中黄酮类成分的分离与结构确定[J]，中草药，2004，35(3)：245–247．

杜欣．毛泡桐花化学成分的研究[D]，兰州：兰州大学硕士学位论文，2003．

段文达，张坚，谢刚，等．白花泡桐花的化学成分研究[J]，中药材，2007，30(2)：168–170．

段新芳，常德龙，等．木材变色防治技术[M]，中国建材工业出版社，2002．

段新芳，常德龙，等．木材变色防治技术[M]，中国建材工业出版社，2005(12)．

范濂．农业试验统计方法[J]，河南科学技术出版社，1983(6)．

方桂珍．木材的变色与防治[J].，北京木材工业．1992，(4)24～27．

方海，刘伟庆，陆伟东，等．泡桐木夹层结构材料的力学性能[J]．南京工业大学学报（自然科学版），2011（05）：7～12．

峰村伸哉，梅原胜雄．木材的调色（第一报）．林业试验场研究报告，1979，68：92～141．

付建明，高瑛，张淑玲，等．以泡桐叶为原料制备熊果酸的方法：中国，CN 101205248A[P]，2008．

傅峰，华毓坤．刨花板抗静电性能的研究[J]．木材工业，1994，8（3）：7～11．

博吉全意大利城市木门结构装饰设计印象[J]．艺术设计与理论．2007，10～13．

高仁．兴安落叶松木材变色及腐朽的识别[J]．内蒙古林业．1991，（5）：24～25．

韩晶．以毛泡桐为原料提取、分离纯化熊果酸的工艺研究[D]．西安：西北大学，2002．

行淑敏．浅议桐木家具材料的开发利用前景[J]．陕西林业科技，1995（1）：57～58，69．

侯新毅，姜笑梅，殷亚芳．从色度学参数研究3种桉树木材的透明涂饰性能[J]．林业科学，2006，42（8）：57～62．

华毓坤，傅峰．导电胶合板的研究．林业科学[J]．1995，31（3）：254～259．

黄金田，赵广杰．化学镀镍单板的导电性和电磁屏蔽效能[J]．林产工业，2006，33（1）：14～17．

黄金田，赵广杰．木材的化学镀研究．[J]．北京林业大学学报，2004（3）：88～92．

黄金田．镀液组成对木材化学镀镍金属沉积速率的影响[J]．内蒙古农业大学学报，2005，26（1）：57～62．

黄耀富，林正容．电磁波遮蔽性纤维板之研究[J]．林产工业（台湾），2000，19（2）：2O9～218．

加藤昭四郎，黑须博司，村山敏博．多层层积木质复合材料的制造とその电磁波ツールド特性及び二三的性质．森林综合研究所研究报告（日），1991，（360）：171～184．

蒋建平，泡桐栽培学[M]，中国林业出版社，1990：370～410．

居秀英，戴立宏，桐木加工与利用现状[J]．林业建设，1999，24～26．

黎晓波，龙涛，李秀荣等．观光木木材涂饰工艺研究[J]．森林工程，2013，29（6）：62～65．

李传厚，毛泡桐果化学成分及药理活性研究[D]．济南：济南大学，2014．

李芳东，乔杰，王保平，等．中国泡桐属种质资源图谱[M]．中国林业出版社，2007．

李坚，刘一星，段新芳，等．木材涂饰性与视觉物理量[J]．东北林业大学出版社，1998．

李坚，吴玉章，刘一星．木材的光致变色与防治，中国木材．1992，（5）：19～23．

李坚．木材保护学[M]．东北林业大学出版社，1999：38～87．

李坚．木材科学（第二版）[M]，东北林业大学出版社，2002：434-476．

李坚．走向21世纪的木质复合材料．世界林业研究[J]．1995（3）：35～39．

李江晓，基于木材材质特性的桐木家具设计研究[D]．郑州，河南农业大学硕士学位论文，2009．

李科，吾鲁木汗·那孜尔别克，乔杰，等．HPLC测定不同产地白花泡桐中熊果酸和木犀草素的含量[J]，药物生物技术，2011，18（3）：251-255．

李勉钧．电磁辐射的防护[J]，福州师专学报（自然科学版），2000，20（3）：58～60．

李鹏木质门窗设计与制造[M]．北京：化学工业出版社，2007．

李司单．民族乐器用木质泡桐面板震动特性与模态分析[D]．哈尔滨：东北林业大学，2011．

李长岭．速生桐木复合拼板生产工艺[J]．木材加工机械，1998（4）：14～15，27．

梁峰涛. 白花泡桐叶石油醚部分化学成分研究[D]. 兰州：兰州大学，2007.

梁善庆，彭立民，傅峰. 五种珍贵木材涂饰色度学变化及性能评价[J]. 林业加工机械，2014，3：16～21.

林亚立. 木材腐朽菌对杉木木块酸碱值与1%氢氧化钠溶解物之影响，林产工业（台湾）. 1994，13（4）：517～527.

刘光勇，郭川，温火生. 实木门专用涂料的研究上海涂料. 2008.09Vol.46No.9.

刘俊，GFRP/泡桐复合材料的研究[D]，南京，南京林业大学硕士学位论文，2010.

刘临，邹盛勤. 高效液相色谱法测定毛泡桐花中乌索酸和齐墩果酸的含量[J]，安徽农业科学，2006，34（16）：3881-3883.

刘清华，鲍莎莉. 泡桐的综合开发利用[J]，建筑人造板，No.3，1998：12～15.

刘顺华，郭辉进. 电磁屏蔽与吸波材料[J]，功能材料与器件学报，2002，8（3）：213～217

刘贤淼，傅峰. 木基电磁屏蔽（导电）功能复合材料的研究进展[J]，世界林业研究，2005，18（2）：57～62.

刘贤淼. 木基电磁屏蔽功能复合材料（叠层型）的工艺与性能，中国林业科学研究院硕士学位论文，2005.

刘一星. 木材视觉环境学[M]. 东北林业大学出版社，1994：21～23.

刘一星，于海鹏. 透明涂饰前后木材表面材色和光泽度的变化[J]. 林业科学，2006，42（12）：90～94.

刘一星，赵广杰. 木质资源材料学[M]. 北京. 中国林业出版社，2004.

刘元. 木材用主要着色剂及其特性[J]，中国木材，1993（6）：19～23.

刘元，聂长明. 木材光变色及其防止办法[J]，木材工业. 1995，9（4）：34～37.

刘正宇，卢昆宗. 木材涂装技术Ⅱ素材着色与填充作业[J]，木材家具杂志，1996，144：72～80.

陆文达，周亚光，朴俊宪. 木材变色及处理[J]，中国木材. 1994.（1）. 23～25.

陆文达，木材改性工艺学[M]，东北林业大学出版社，1993：106-155.

罗定强，王军宪，等. 光泡桐叶不同月份熊果酸含量[J]，中药材，2008，31（10）：1474-1475.

罗定强，王锡领，等. 高效液相色谱法测定光泡桐叶不同生长期齐墩果酸的含量[J]，中国医院药学杂志，2009，29（12）：1056-1057.

罗建举，木材蓝变色的防治处理技术[J]，木材工业. 1996，10（5）：15～17.

马克辛，郭长柏. 世界名门：欧洲系列[M]. 辽宁科学技术出版社：第1版2012：10～25.

马玉华，罗朝晖. 抗静电和电磁屏蔽材料/金属复合材料的研究进展[J]，安徽化工，2006，141（3）：37～39.

孟令联，张兆好. 现代木门生产工艺与设备[M]. 北京：中国林业出版社，2009.

孟志芬，郭雪峰，等. 毛泡桐花黄酮抗氧化性的初步研究[J]，光谱实验室，2008，25（5）：914-917.

孟志芬，乔梅英，刘耀民，等. 微波法提取毛泡桐花总黄酮的工艺研究[J]，化学世界，2009（11）：675-680.

牧野耕三. 广岛县立工艺试验厂研究报告，9：17～28.

牧野耕三. 泡桐材的变色及其防止法, 第29回日本木材学会大会(扎幌)研究发表要旨, 1979.

倪贵林. 现代木质套装门门套造型设计门窗与专栏. 2011.09.

牛江龙, 赵建波, 陈佳铭. 等. HPLC 法测定兰考泡桐花中洋芹素和熊果酸的含量[J], 中成药, 2010, 32(9): 1561–1564.

潘彪, 王婉华. 松木边材真菌性变色的研究[J], 四川农业大学学报: 木材研究专辑. 1998, 16(1): 110~114.

戚风, 果娟, 李玉斌. 电磁辐射污染与防治[J]. 黑龙江环境通报, 2001, 25(2): 42~52.

沈慧. 泡桐叶在养殖中的应用[J], 当代畜禽养殖业, 2011(1): 53.

师伯省, 付建明, 叶胜, 等. 二步法从河南泡桐叶中提取分离高纯度熊果酸工艺[J], 健康天地, 2010, 4(9): 112–113.

史伯章, 王婉华. 真菌性变色木材的ESR研究[J], 林业科学. 1992, (4): 330~335.

司传领, 邓小娟, 刘忠, 等. 泡桐(原变种)果实中抑菌性苯丙素苷成分的研究[J], 林产化学与工业, 2007, 27(增刊): 37–40.

司传领, 吴磊, 许杰等. 毛泡桐(原变种)内桐皮的化学成分[J], 纤维素科学与技术, 2009, 17(4): 47–52.

宋杨, 泡桐花黄酮类化合物的提取及其对肉鸡生长性能和肉品质的影响[D], 洛阳市, 河南科技大学, 2012.

孙宇新. 电磁辐射对环境的污染及防护措施[J], 工业安全与环保, 2001, 27(12): 1.

田卫国, 刘瑞娜集成材实木门的结构和加工工艺[J]. 木材工业. 2005, 19(1): 4042.

田卫国, 刘瑞娜集成材实木门的结构与加工工艺木材工业 2005.01Vol.19No.1.

王锦依, 郭宗英, 泡桐木材综合利用[J], 河南农业科技, 1981(7): 29~31.

王军, 阮淑华, 姜树海(吉林省林科所), 木材的颜色及变色[J], 吉林林业科技. 1992, (1): 45~46.

王军, 王玉山, 朴载允(吉林省林科所), 防止木材变色的方法[J], 吉林林业科技. 1991, (4): 50~53.

王立娟, 李坚, 刘一星. 木材单板表面化学镀镍[J], 精细化工, 2006(3): 230~234.

王晓, 程传格, 刘建华, 等. 泡桐花精油化学成分分析[J], 林产化学与工业, 2005, 25(2): 99–102.

王占斌, 赵德明, 刘红, 等. 毛泡桐皮黄酮提取物抗氧化作用研究[J], 中国饲料, 2012(6): 22–24, 30.

魏希颖, 张延妮, 白玲玲, 等. 泡桐花油的GC — MS 分析及抑菌作用研究[J], 天然产物研究与开发, 2008, 20(1): 87–90.

温小军. 常用木门的分类和材质及工艺特点[J]. 山西建筑, 2007, 16(33): 245~246.

翁月霞, 吴开云. 竹材霉变生物学的研究[J], 林业科学研究, 1991, 4(1): 15~21.

吾鲁木汗·那孜尔别克, 石进校, 李科, 等. HPLC 测定白花泡桐叶不同月份熊果酸和木犀草素的含量[J], 湖南农业科学, 2011, (21): 102–105.

吴世伟, 姜恩泳, 车英飞, 等. 计算机信息防泄符合薄膜屏蔽材料设计I. 理论部分[J], 功能材料,

1995,26（6）：541～548.

向冬枝，付齐江.实木门的加工工艺分析与质量控制技术与交流[J].门窗.2008.02.

谢贤清，张荻，范同祥.具有网络互穿结构的木质陶瓷复合材料[J].材料研究学报，2002,16（3）：259～262.

谢雪霞，刘波，孙华林，等.三种非常用树种人工林木材的机械加工性能评价[J].木材工业，2014,04：28～31.

谢雪霞.我国12种人工林木材机械加工性能研究[D].中国林业科学研究院硕士学位论文，2014.

邢雅丽.泡桐叶中熊果酸的超声波提取与分离研究[D].北京：中国林业科学研究院，2014.

熊玉亮.全桐木拉纹工艺家具通过鉴定[J].家具，1990（4）：39.

徐万劲.磁控溅射技术进展及应用[J].现代仪器，2005,5：37～39

杨武保.磁控溅射镀膜技术最新进展及发展趋势预测[J]，石油机械，2005,（6）：73～76.

杨燕子，王军宪.HPLC法测定毛泡桐皮中丁香苷的含量[C]∥色谱分析在药物分析中的应用专题学术研讨会论文集.北京，2004：77～78.

易艳萍，邹盛勤，谢晚彬，等.毛泡桐叶中乌索酸的提取分离及反相高效液相色谱分析[J]，时珍国医国药，2008,19（4）：779～780.

于海鹏，刘一星，罗光华.聚氨酯漆透明涂饰木材的视觉物理量变化规律[J].建筑材料学报，2007,10（4）：436～468

余晓晖，赵磊，陈旅翼，等.大孔吸附树脂对白花泡桐叶中熊果酸的富集研究[J].中成药，2010,32（5）：773～775.

余晓晖，赵磊，邵晶，等.超微粉碎与常规粉碎对白花泡桐叶中熊果酸提取率的影响[J].中药材，2008,31（10）：1562～1564.

越建波，兰考泡桐花化学成分及抑菌活性研究[D].上海：华东理工大学，2010.

张继娟，张仲凤一种实木复合门的结构与加工工艺[J].木材工业.2009,23（3）：43～45.

张培芬，李冲.白花泡桐花黄酮类化学成分研究[J]，中国中药杂志，2008,33（22）：2629–2632.

张青青.泡桐花总黄酮提取工艺[D]，杨凌，西北农林科技大学，2014.

张上镇，王升阳，苏裕昌.与木材光变色有关之抽出成分的反应机制及其防止方法之探讨[J]，中华林学季刊.1993.26（2）：113～125.

张双保，杨小军.木质复合材料的研究现状与前景[J]，建筑人造板，2001（2）：3～6.

张双保，周宁，赵立.木质复合材料研究[J]，北京木材工业，1997（3）：28～33.

张苏倩.泡桐花黄酮对小鼠免疫功能的影响[D]，杨凌，西北农林科技大学，2014.

张卫东，陶振英.电磁辐射污染的危害[J]，锦州师范学院学报（自然科学版），2001,22（3）：59～61.

张显权，刘一星.不锈钢纤维/木纤维复合中纤板的研究[J]，木材工业，2005,19（2）：12～16.

张显权，刘一星.木材纤维—铜丝网复合MDF的研究[J]，林产工业，2004,31（5）：15～19.

张晔.磁控溅射不锈钢薄膜研究[J]，机械工程材料，2004（11）：13～15.

张玉玉，孙宝国，黄明泉，等.兰考泡桐花的挥发性成分分析研究[J]，林产化学与工业，2010,30（3）：88–92.

张云岭，周传东．利用泡桐加工剩余物制造刨花板[J]，河南科技，1995：6，13．

赵福辰．电磁屏蔽材料的发展现状[J]，材料开发与应用，2001，（5）：29～33．

郑敏燕，魏永生，古元梓．固相微萃取—气相色谱—质谱法分析毛泡桐花挥发性成分[J]，质谱学报，2009，30（2）：88–93．

周慧明．木材防腐[M]，中国林业出版社，1989：109–120．

周兆，曹建春，汤佩钊．铝箔覆面刨花板[J]，木材工业，2000，14（1）：32～34．

朱家琪，罗朝晖，黄泽恩．金属网与木单板复合[J]，木材工业，2001，15（3）：5～7．

朱一军，付跃进，王彩霞．我国木质门行业现状与主要发展制约因素[J]．木材工业，2013，01．

朱玉杰．干基内部根腐菌形状的分析[J]，林业科学．1996，32（3）．285～288．

邹盛勤，刘名权，陈武等．正交试验法优选毛泡桐中乌索酸提取工艺条件[J]，氨基酸和生物资源，2007，29（3）：5l–53．

祖勃苏，黄洛华，关于兰考泡桐木材变色成分的研究[J]，林业科学，1987，23（2）：448～455．

祖勃苏，泡桐木材的变色及其防治方法[J]，木材工业，1987，1（3）：31～35．

祖勃苏，徐鹿鹿，周勤．防止兰考泡桐木材变色的初步试验[J]，木材工业，1991，5（3）：29～33．

佐藤惺，桐材的变色和处理[J]，木材保存，1985，11（1）25～34．

B.Kreber, A.Byrne. Discoloration of helm-fir wood: a review of the mechnisms. For. Prod..J. 1993, 44（5）: 35～42.

Bailey, I. W.（1910）. Oxidizing enzymes and their relation to "sap stain" in lumber. Botanical Gazette 50: 142～147.

Barton, G. M., J. A. F. Gardner.（1966）. "Brown-stain Formation and the Phenolic Extractives of Western Hemlock（Tsuga heterophylla（Raf.）Sarg）." Publication No. 1147, Department of Forestry, Ottawa, Canada.

Baudrand D W. Metal Handbook. New York: America Society for Metal, 1994, 290～310

Benko, R.（1988）. "Bacteria as Possible Organisms for Biological Control of Blue Stain." International Research Group on Wood Preservation Document No. IRG/WP/1339. Stockholm, Sweden.

Bernier, R., Jr., M. Desrochers, L. Juraserk.（1986）. Antagonistic effect between Bacillus subtilis and wood staining fungi. Journal of the Institute Wood Science 10（5）: 214～216.

Bj rkman, E.（1947）. On the development of decay in building-timber injured by blue stain. Sätryck ur svensk Papperstidning 50, 11B.

Boyce, J. S.（1972）. Sapstain and decay in Northwest lumber. Columbia Port Digest 5（3）: 5～6.

Brown, F. L.,（1953）. Mercury-tolerant penicilla causing discoloration in norther white pine lumber. Journal of the Forest Products Research Society 3: 67～69.

Cassens, D. L., W. E. Eslyn.（1983）. Field trials of chemicals to control sapstain and mold on yellow popar and southern pine lumber. Forest Products Journal 33（10）: 52～56.

Cech, M. Y.（1966）. New treatment to prevent brown stain in white pine. Forest Products Journal 16（11）: 23～27.

Chapman, A. D., T. C. Scheffer. (1940). Effect of blue stain on specific gravity and strength of southern pine. Journal of Agricultural Research 61 (2): 125~134.

CHEN J, LIU Y, SHI Y P. Determination of flavonoids in the flowers of Paulownia tomentosa by high-performance liquid chromatography[J], Journal of Analytical Chemistry, 2009, 64 (3): 282~288.

CHO-CELL. Shielded Vent Panels. EMI Shielding Engineering Handbook, 1989

Chohachiro Nagasawa, Yaomo Kumagai, Kei Urabe. Electromagnetic Shielding Particleboard with Nickel-plated Wood Particles. Journal of Porous Materials, 1999, (6): 247~254

Chuba B. Electroless Copper/Nickel Shielding Highper Formance Solution to Interference. Shielding Plating and Surface Finishing, 1989 (1): 30~33.

Clark, J. W. (1956). A gray non-fungus seasoning discoloration of certain red oaks. Southern Lumberman 193 (2417): 35~38.

Crossley, R. D. (1956). "The effects of five sapstain fungi on the toughness of eastern white pine." Master's thesis, State University of New York, College of Forestry, Syracuse, New YorK.

Cserjesi, A. J. (1977). Prevention of stain and mould in lumber board products. Proceedings of the ACS Symposium No. 43 on wood Technology: Chemical Aspects, 24~32.

Cserjesi, A. J. (1980). "Field-Testing Fungicides on Unseasoned Lumber-Recommended Procedure." Technical Report 16, Forintek Canada CorP., Vancouver, B.C., Canada.

Cserjesi, A. J., E. L. Johnson. (1982). Mold and sapstain control: Laboratory and field tests of 44fungicidal formulations. Forest Products Journal 32 (10): 59~68.

Cserjesi, A. J., J. W. Roff. (1975). Toxicity tests of some chemicals against certain wood-staining fungi. International Biodeterioration Bulletin 11 (3): 90~96.

Davidson, R. W. (1935). Fungi causing stain in logs and lumber in the southern states, including five new species. Journal of Agricultural Research 50: 789~798.

Davidson, R. W. (1942). Some additional species of Ceratostomella in the United States. Mycologia 31: 650~662.

Davidson, R. W. (1971). New species of Ceratocystis. Mycologia 63: 5~15.Davidson, R. W., and W. E. Eslyn. (1976). Some wood-staining fungi from pulpwood chips. Memoirs, New York Botanical Garden 28: 50~57.

Dowding, P. (1969). The dispersal and survival of spores of fungi causing blue stain in pine. Transactions of the British Mycological Society 52 (1): 125~137.

Dowding, P. (1970). Colonization of freshly bared pine sapwood surfaces by staining fungi. Transactions of the British Mycological Society 55 (3): 399~412.

Drysdale, J. A., A. F. Preston. (1982). Laboratory screening trials with chemicals for the protection of green timber against fungi. New Zealand Journal of Forest Science 12 (3): 457~466.

Eslyn, W. E., D. L. Cassens. (1983). Laboratory evaluation of selected fungicides for control of sapstain and mold on southern pine lumber. Forest Preducts Journal 33 (4): 65~68.

Eun Gyeong Han, Eun Ae Kim, Kyung Wha Oh. Electromagnetic Interference Shielding Effectiveness of Electroless Cu-plated PET. Fabrics Synthetic Metal, 2001, 123: 469~476.

Farr, D. F., G. F. Bills, G. P. Chamuris, A. Y. Rossman. (1989). "Fungi on Plants and Plant Products in the United States." American Phytopathological Society Press, St. Paul, Minnesota.

Findlay, W. P. K. (1959). Sap-stain of timber. Forestry Abstracts 20 (1, 2): 1~14.

Forsyth, P. G. (1988). "Control of Nonmicrobial Sapstains in southern Red Oak, Hackberry, and Ash Lumber during Air-Seasoning. M. S. thesis, Mississippi State University, Mississippi.

Fritz, C. W. (1952). Brown stain in pine sapwood caused by Cytospora sp. Canadian Journal of Botany 30 (4): 349~359.

Good, H.M., P. M. Murray, H. M. Dale. (1955). Studies on heartwood formation and staining in sugar maple, Acer saccharum Marsh. Canadian Journal Botany 33: 31~41.

Hiromu KAJITA. Recent Trends of Wood-based Composite Panels. Wood Preservation, 1998, 24 (6): 2~17.

Hubert, E. E. (1931). "Outline of Forest Pathology" John Wiley, New York.Hulme, M. A. (1975). Control of brown stain in eastern white pine with alkaline salts. Forest Products Journal 25 (8): 36~41.

Hulme, M. A, J.K. Schields. (1972). Effect of primary fungi infention upon secondary colonization of birch bolts. Material and Organismen 7: 177~188.

Hulme, M. A., J. K. Thomas. (1979). Control of fungal sap stain with alkaline solutions of quaternary ammonium compounds and with tertiary amine salts. Forest Products Journal 29 (11): 25~29.

Hulme, M.A., J.F.Thomas. control of brown stain in eastern white pine with reducing agents. Forest Products Research Society 33 (9): 17~20.

Käärik, A. (1980). "Fungi Causing Sap Stain in Wood." The Swedish University of Agricultural Sciences, Report Nr R 114, Document No. IRG/WP/199.Stockholm, Sweden.

Kese B E. Principle of Electromagnetic Complementarity, Translated by Xiao Huating, Xu Changqing. Beijing: Electronic Industry Press, 1985: 153~155.

KOITI I, Lignin. Ⅱ. Lignin of Paulownia imperialis[M[. J Chem Soc Japan, 1941, 62: 186~189.

Levitin, N. (1970). Lignins of sapwood and mineral stained maple. Canadian Forestry service, Bi-Monthly Reseach Notes 27 (4): 29~30.

Levy, J.F. (1967). Decay and degrade of wood by soft-rot fungi and other organisms. International Pest Control (November/December): 28~34.

Lewis, D. A., G. R. Williams, R. A. Eaton. (1985). The development of prophylactic chemicals for the treatment of green lumber .Record, Annual Convention of the British Wood Preservers' Association 1985: 14~26.

Lin Guorong, Zhang Youde. Electromagnetic Disturbing and Control. Beijing: Electronic Industry Press, 2003, 212~215.

Lindgren, R. M. (1942). Temperature, moisture, and penetration studies of wood staining

Ceratostomellae in relation to their control. U.S.D.A. Bulletin No. 807, Washington, D.C.

Lindgren, R. M. (1952). Permeability of southern pine as affected by mold growth and other fungus infection. Proceedings of the American wood preservers ' Association 48：158～174.

Lindgren, R. M., E. Wright. (1954). Increased absorptiveness of molded Douglas fir posts. Journal of the Forest Products Research Society 4 (4)：162～164.

MASAO K, TOKITI S. A glucoside from Paulownia[J]. Japan, 1931, 93 (735)：27.

Michikazu Ota . The chemistry of color changes in kiri wood (Paulownia tomentosa steud.) II., Mokuzai Gakkaishi, 1991, 37 (3)：254～260.

Michikazu Ota (太田路一), Kenzoh Taneda (种田建造).The Chemistry of Color Changes In Kiri Wood I, Mokuzai Gakkaishi 1989, Vol. 35, No. 5, 438～446.

Michikazu Ota (太田路一), Kenzoh Taneda (种田建造).The Chemistry of Color Changes In Kiri Wood III, Mokuzai Gakkaishi, 1993, Vol.39.No.4, 479～485.

Miller, D. J., J. J. Morrell. (1989). "Controlling Sapstain：Trials of Product Group I on Selected Western Softwoods." Research Bulletin 65. Forest Research Laboratory, Oregon State University, Corvallis, Oregon.

Miller, D. J., J. J. Morrell, and M. E. Mitchoff. (1989). "Controlling Sapstain：Trials of Products Group II on Selected Western Softwoods. Research Bulletin 66. Forest Research Laboratory, Oregon State University, Corvallis, Oregon.

Miller, D. J., D. M. Knutson, R. D. Tocher. (1983). Chemical brown staining of Douglas fir sapwood. Forest Products Journal 33 (4)：44～48.

Nagasawa C, Kumagai Y, Koshizaki N. Changes and Electromagnetic Shielding Effectiveness of Particleboards, Made of Nickel-Plate Wood Particles Formed by Various Pre-treatment Processes. Journal of Wood Science, 1992, 38 (3)：256～263.

Nagasawa C, Kumagai Y, Urabe K. Electroconductivity and Electromagnetic Shield Effectiveness of Nickel-Plate Veneer. Journal of Wood Science, 1991, 37 (2)：158～163

Nagasawa C, Kumagai Y, Urabe K. Electromagnetic Shielding Effectiveness of Particleboard Containing Nickel-Metalized Wood-Particle in the Core Layer. Journal of Wood Science, 1990, 36 (7)：531～537

Nagasawa C, Kumagai Y. Electromagnetic Shielding Particleboard with Nickel-Plate Wood Particle. Journal of Wood Science, 1989, 35 (12)：1092～1099

Nason, A.："Methods in Enzymology, vol.11", Colowick, S.P., Kaplan, N. O., ed., Aca. Press, 1955, p. 62～63.

Ohring M. Materials Science of Thin Films. New York：Academic Press, 2002.

Oldham, N. D., W. W. Wilcox. (1981). Control of brown stain in sugar pine with environmentally acceptable chemicals. Wood and Fiber 13 (3)：182～191.

Presnell, T.L., D. D. Nicholas. (1990). Evaluation of combinations of low-hazard biocides in controlling mold and stain fungi in southern pine. Forest Products Journal 40 (2)：57～61.

Putter, J.: "Methods of Enzymatic Analysis, Vol.2", Bergmeyer, H.U., ed., Acad. Press, 1974, p. 685~692.

Roff, J. W.(1973). Brown mould(Cephaloascus fragrans)on wood, its significance and history. Canadian Journal Forest Research 34: 582~585.

Roth, E. R.(1950). Discolorations in living yellow poplar trees. Journal of Forestry 48: 184~185.

Scheffer, T. C.(1954). "Mineral stain in Hard Maples and Other Hardwoods." Report 1981. U.S.D.A. Forest Products Laboratory, Madison, Wisconsin.

Scheffer, T. C., R. M. Lindgren.(1940). "Stains of Sapwood Products and Their Control." Technical Bulletin 714. U.S.D.A., Washington, D.C.

Scheffer, T.C.(1939). Mineral stains in hard maples and other hardwoods. Journal of Forestry 37(7): 578~579.

Scheffer, T.C.(1973). Microbiological degradation and the causal organisms. In "Wood Deterioration and Its Prevention by Preservatives Treatments"(D. D. Nicholas, ed.), 31~106. Syracuse University Press, Syracuse, New York.

Scheffer, T.C., J.T. Drow.(1960). "Protecting Bulk-piles Green Lunber from Fungi by Dip Treatment." Report 2201, U.S.D.A. Forest Products Laboratory, Madison, Wisconsin.

Schulz, G.(1956). Exploratory tests to increase preservative penetration in spruce and aspen by mold infection. Forest Products Journal 6(2): 77~80.

Seifert, K. A., C. Breuil, L. Rossignol, M. best, J.N. Saddler.(1988). Screening for microorganisms with the potential for biological control of sapstain on unseasoned lumber. Material und Organismen 23(2): 81~95.

Shields, J. K., R. L. Desai, M. R. Clarke.(1973). Control of brown stain in kiln-dried eastern white pine. Forest Products Journal 23(10): 28~30.

Stranks, D. W., M. A. Hulme.(1975). The mechanisms of biodegradation of wood preservatives. Material und Organismen Symposium Berlin-Dahlem 3: 346~353.

Straumal B B, Vershinin N F, Cantarero-Saez. A Vacuum Arc Deposition of Protective Layers on Glass and Polymer Substrates. Thin Solid Films, 2001, 383(1–2): 224~226.

Stutz, R. E.(1959). Control of brown stain in sugar pine with sodium azide. Forest Products Journal 9(11): 59~64.

Stutz, R. E., P. Koch, M.L. Oldham.(1961). Control of brown stain in eastern white pine. Forest Products Journal 11(5): 258~260.

TAKAHASHI K, TANABE Y, KOBAYASHI K, et al. Studies on constituents of medical plants.iv. Chemical structure of paulownin, a component of wood of Paulownia tomentosa Steud[J]. Yakugaku Zasshi, 1963, 83: 1101~1105.

Unligil, H.H.(1979). Laboratory screening tests of fungicides of low toxic hazard for preventing fungal stain of lumber. Forest Products Journal 29(4): 55~56.

VERBAND D F, FASSADENHERSTELLER E V. Guidance sheet for wood/metal windows. VFF

Guidance Sheet, 2002（9）: 1～15.

Verrall, A.F.（1939）. Relative importance and seasonal prevalence of wood-staining fungi in the southern states. Phytopathology 29: 1031～1035.

Verrall, A.F.（1941）. Dissemination of fungi that stain logs and lumber. Journal of Agricultural Research 63（9）: 549～558.

Verrall, A.F.（1942）. A comparison of Diplodia natalensis from stained wood and other sources. Phytopathology 32（10）: 879～884.

Verrall, A.F.（1945）. The control of fungi in lumber during air-seasoning. Botanical Review 11（7）: 398～415.

Verrall, A.F.（1949）. Some molds of wood favored by certain toxicants. Journal of Agricultural Research 78（12）: 695～703.

Verrall, A.F. Dissemination of fungi that stain logs and lumber. Journal of Agricultural Research, 1941, 63（9）: 549～558.

Verrall, A.F. Relative importance and seasonal prevalence of wood-staining fungi in the southern states. Phytopathology, 1939, 29: 1031～1035.

Verrall, A.F., and P. V. Mook.（1951）. "Research on Chemical Control Fungi in Green Lumber, 1940～1951. Technical Bulletin 1046, U.S.D.A., Washington, D.C.

Wang S Y, Hung C P. Electromagnetic Shielding Efficiency of The Electric Field of Charcoal from Six Wood Species. The Japan Wood Research Society, 2003,（49）: 450～454.

Wang, C.J. K., R. A.Zabel.（1990）. "Identification Manual for Fungi from Utility Poles in the Eastern United States." American Type Culture Collection. Rockville, Maryland.

Ward J. C.; W.Y.Pong. Wetwood in trees: A timber resource problem. General technical report, 1980, PNW-112.

Wilcox., W.W., Some methods used in studying microbiological deterioration of wood. U.S. Forest service research note, 1964, FPL-063.

Wilder, C.J.: J. Food Sci., 27, 567～573（1962）.

Worthington Bilchemical Corp.: " Worthington enzyme manual, 1. 11. 1.7Peroxidase（horseradish）" ,

Yazaki, Y., J.Bauch, R.Endeward.（1985）. Extractive components responsible for the discoloration of Ilomba wood（Pycnanthus angolensis Exell.）Holzals Roh-und Werkstoff 43: 359～363.

Zabel, R. A.; Jeffrey J. Morrell. Wood microbiology: Decay and its prevention.. Acadmemic Press, Inc., 1992, pp326～339.

Zabel, R.A.（1953）.Lumber stains and their control in northern white pine.Journal of the Forest Research Society 3: 1～3.

Zabel, R.A., C.H.Foster.（1949）. "Effectiveness of Stain-Control Compounds on White Pine Seasoned in New York." Tech.Pub. No.71.N.Y. State College of Forestry at Syracuse University, Syracuse, New York.

Zabel, R.A., F.C. Terracina.（1980）. The role of Aureobasidium pullulans in the disfigurement of latex paint films. Developments in Industrial Microbiology 21: 179~190.

Zhang Kejun. Principle Design Technology for Electromagnetic Complementarity. Beijing: People's Post Press, 2004, 113~115.

Zink, P., D. Fengel. (1988). Studies on the colouring matter of blue-stain fungi. Part 1. General characterization and the associated compounds. Holzforschung 42 (4): 217~220.

Zink, P., D. Fengel. (1989). Studies on the colouring matter of blue-stain fungi. Part 2. Electron microscopic observations of the hyphae walls. Holzforschung 43 (6): 371~374.

Zink, P., D. Fengel. (1989). Studies on the colouring matter of blue-stain fungi. Part 3. Spectroscopic studies on fungal and synthetic melanins. Holzforschung 44 (3): 163~168.

Zink, P., D. Fengel. Studies on the colouring matter of blue-stain fungi. Part 1. General characterization and the associated compounds. Holzforschung, 1988, 42 (4): 217~220.

泡桐实木墙壁板：

泡桐木材染色装饰微薄木：

桐木工艺品：

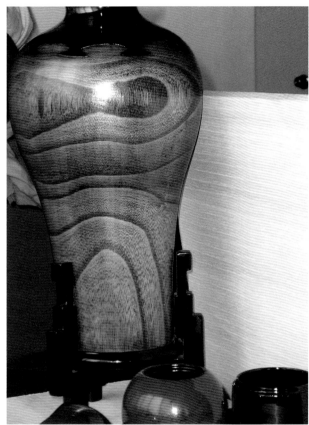

泡桐木材各式家具：

泡桐木材乐器：

图书在版编目（CIP）数据

泡桐研究与全树利用 / 常德龙主编 . —— 武汉：华中科技大学出版社，2016.10
ISBN 978-7-5680-2084-8

Ⅰ . ①泡… Ⅱ . ①常… Ⅲ . ①泡桐属－栽培技术－研究②泡桐属－木材加工－研究
Ⅳ . ①S792.43

中国版本图书馆 CIP 数据核字 (2016) 第 183262 号

泡 桐 研 究 与 全 树 利 用
Paotong Yanjiu yu Quanshu Liyong

常德龙　主编

出版发行：华中科技大学出版社（中国·武汉）

地　　址：武汉市武昌珞喻路 1037 号（邮编：430074）

出 版 人：阮海洪

策划编辑：王　斌　　　　　　　　　　　　　　责任监印：张贵君

责任编辑：吴文静　　　　　　　　　　　　　　装帧设计：百彤文化

印　　刷：雅昌文化（集团）有限公司

开　　本：787 mm×1092 mm　1/16

印　　张：13.25

字　　数：180 千字

版　　次：2016 年 10 月第 1 版　第 1 次印刷

定　　价：198.00 元（USD 39.99）

投稿热线：(020) 66636689　　342855430@qq.com

本书若有印装质量问题，请向出版社营销中心调换

全国免费服务热线：400-6679-118 竭诚为您服务